# 油气井固井水泥声学特性

郑新权　范　宇　陈力力　魏风奇　等编著

石油工业出版社

# 内 容 提 要

本书简要介绍了声波水泥胶结测井评价技术的进展，详细阐述了声波测井固井一界面与二界面的声波能量分配、多组分水泥和水泥混浆的声阻抗特征；系统分析了声波频率、水泥浆稳定性、不同密度水泥浆体系和水泥混浆对声波水泥胶结测井评价的影响；结合多组分水泥石凝固状态和强度性能，形成了现场工程测井时间的实验室辅助评价方法。

本书可供从事固井工程和测井评价的科研人员以及石油院校相关专业师生参考使用。

**图书在版编目(CIP)数据**

油气井固井水泥声学特性／郑新权等编著．—北京：

石油工业出版社，2021.10

ISBN 978-7-5183-4834-3

Ⅰ.①油… Ⅱ.①郑… Ⅲ.①油气井-固井-水泥胶结测井-声波测井 Ⅳ.①TE26 ②P631.8

中国版本图书馆 CIP 数据核字(2021)第 173117 号

出版发行：石油工业出版社

（北京安定门外安华里 2 区 1 号　100011）

网　　址：www.petropub.com

编辑部：(010)64523583　图书营销中心：(010)64523633

经　　销：全国新华书店

印　　刷：北京晨旭印刷厂

2021 年 10 月第 1 版　2021 年 10 月第 1 次印刷

787×1092 毫米　开本：1/16　印张：7

字数：120 千字

定价：70.00 元

# 《油气井固井水泥声学特性》
# 编写组

组　长：郑新权

副组长：范　宇　　陈力力　　魏风奇

成　员：郭小阳　　乐　宏　　李　仲　　郑友志　　郑有成　　张华礼

　　　　唐诗国　　王学强　　杨　建　　马　勇　　靳建洲　　刘　超

　　　　夏宏伟　　杨　涛　　赵　军　　王福云　　焦利宾　　蒲军宏

　　　　汪　瑶　　余　江　　张占武　　何　雨　　濮　强　　张超平

　　　　陈　敏　　林　强　　李　明　　程小伟　　高显束　　张兴国

　　　　罗咏枫　　张　华　　付华才　　严海兵　　何轶果　　王　斌

　　　　张作宏　　卫俊侠　　熊　伦　　胡小强　　付　嫱　　付洪琼

　　　　郭子鸣　　陈祖伟　　姚　舜　　严俊涛　　陈志超　　杨国良

　　　　李　峰　　石　波　　王晓娇　　文寨军　　刘　恒　　罗　宁

# 前　言

　　固井工程衔接钻井工程与采油工程而又相对独立，是油气井勘探与油气藏开发工程中最为重要的工艺环节之一。固井质量历来受到油田各个部门的重视，要求测井解释人员能给出水泥环层间封隔的确切结论，并据此为后续压裂酸化、分层测试和分层开采提供决策依据。声波水泥胶结测井是目前使用最广泛的评价油气井固井质量的有效方法。随着固井工程面临问题的复杂化，新型固井混合材质层出不穷，导致声波水泥胶结测井结果各异，加上声波水泥胶结测井解释结果有时与实际固井质量不一致，引起固井施工与测井解释部门存在较多争议。

　　固井质量评价依赖于 CBL 声幅曲线及声波变密度图。CBL 幅度与 CBL 衰减率的大小以及声波变密度图像的灰度依赖于套管、水泥环与地层岩石三者的声阻抗。目前地层岩石和套管的声学特性可以通过测井获取，但对于水泥环声阻抗特性目前国内外还没有系统性的认知。因此为精细评价油气井固井质量，科学准确反映井下水泥环的层间封隔能力，开展固井水泥环声学特性研究至关重要。本书在总结分析现有声波水泥胶结测井评价技术的基础上，详细阐述了声波测井固井两界面的声波能量分配、多组分水泥和水泥混浆的声阻抗特征，系统研究了声波频率、水泥浆稳定性、不同密度水泥浆体系和水泥混浆对声波水泥胶结测井评价的影响，并形成了现场工程测井时间的实验室辅助评价方法，有利于科学评价固井质量，真实反映水泥环层间封固能力。

　　全书由郑新权担任编写组组长，范宇、陈力力、魏风奇担任副组长。全书共八章，第一章由郭小阳、郑新权、郑友志、高显束、赵军、张兴国编写，第二章由乐宏、陈力力、靳建洲、张华(中国石油集团工程技术研究院有限公司)、焦利宾、王福云、卫俊侠、文寨军编写，第三章由郑有成、陈敏、蒲军宏、何雨、林强、胡小强、严俊涛、李峰(核工业四一六医院)编写，第四章由范宇、李明、王斌、郭子鸣、姚舜、熊伦、王晓娇、刘恒编写，第五章由魏风奇、马勇、张华(中国石油西南油气田公司开发事业部)、濮强、张超平、付嫱、杨国良、石波(核工业四一六医院)编写，第六章由李仲、杨建、汪瑶、严海兵、余江、付洪琼、陈祖伟、罗宁编写。第七章由张华礼、唐诗国、夏宏伟、何轶果、张占武、罗咏枫、陈志超编写，第八章由刘超、王学强、杨涛、付华才、程小伟、张作宏编写。本书在编写的过程中得到了西南石油大学、中国石油西南油气田公司、中国石油集团工程技术研究院有限公司、中国建材材料科学研究总院有限公司、中国石油浙江油田公司、中国石油西南油气田公司工程技术研究院、中国石油西南油气田公司开发事业部、川庆钻探工程有限公司、川庆井下作业固井公司等单位的大力支持和帮助，在此一并致谢，同时向本书撰写过程中所引用到的众多学术论文、专著的作者及同行们表示崇高的敬意。

限于笔者水平有限，本书难以全面展示声波水泥胶结测井评价技术，同时编写过程中也难免有错误与不足之处，敬请读者提出宝贵意见。

**2021 年 5 月**

# 目　　录

# 第1章 声波水泥胶结测井评价技术进展

固井工程是油气井勘探与油气藏开发工程中最为重要的工艺环节之一，历来受到油田各个部门的重视。油公司以油气勘探开发效益为基本出发点，越来越关注固井质量，要求测井解释人员能给出水泥环层间封隔的确切结论。在重点探井和评价井在试油之前，重点开发井在投入生产之前，勘探部门和采油公司都十分重视水泥环层间封隔能力，并据此为实施分层测试和分层开采提供决策依据[1-3]。

## 1.1 声波水泥胶结测井概述

声波水泥胶结测井是通过注水泥作业后在给定时间内由测井仪器向地层发射声波或振动信号，然后再接收并记录这些信号及往返时间。它是使用最广泛的确定管外水泥位置和评价固井施工质量的有效方法[4-6]。但是，声波水泥胶结测井解释结果有时与实际固井质量并不一致，在生产过程中，固井质量评价合格的部分井，仍然存在窜气、环空带压等现象，而一些固井质量评价不合格的井，却能够在井底形成良好的层间封隔，抑制窜气和环空带压的发生(表1.1)。例如 MX147 井 φ177.8mm 尾管固井裸眼段存在 14 个气测显示，声波测井固井质量合格率为 34.37%，低于固井质量合格率 70% 的要求，但最终固井后一直未发生窜气和环空带压，而 SY132 井 φ127mm 尾管固井质量合格率为100%，但却在固井后出现喇叭口窜气现象，严重影响油气井的安全高效生产。

可以看出，声波测井缺乏声波耦合与水泥封固质量间的关系，所测得的固井"胶结良好"仅仅表示声耦合良好，并不意味着层间封隔质量良好[7-11]。

如图 1.1 所示，固井水泥浆设计时，根据油井地质状况与施工要求等，对不同的井段可能给出完全不同的水泥浆配方，但是在进行自由套管段声波仪器刻度之后，各种不同密度或者不同组分的水泥环在测井声幅曲线在解释时均参照同一个标准。CBL 衰减率与声阻抗是密切相关的，不同密度或不同组分的水泥石的声阻抗值并非一样，在解释上其所执行的标准应该有所不同。

表 1.1 部分井的固井质量及窜气情况

| 井号 | 套管类型 | 固井质量(%) | | | | 窜气情况 |
|---|---|---|---|---|---|---|
| | | 优 | 良 | 差 | 合格率 | |
| GS127 | φ177.8mm 油层尾管 | 43.00 | 13.60 | 43.40 | 56.60 | 喇叭口窜气 |
| GS136 | φ177.8mm 油层尾管 | 17.63 | 42.17 | 40.20 | 59.80 | — |
| GS130 | φ177.8mm 油层尾管 | 14.01 | 8.64 | 77.35 | 22.65 | 喇叭口窜气 |
| GS134 | φ177.8mm 油层尾管 | 19.41 | 64.35 | 16.24 | 83.76 | — |
| MX021-H2 | φ177.8mm 油层尾管 | 2.92 | 7.59 | 89.49 | 10.51 | — |
| GS135 | φ177.8mm 油层尾管 | 18.26 | 19.27 | 62.47 | 37.53 | — |
| SY132 | φ127mm 油层尾管 | 85 | 15 | 0 | 100 | 喇叭口窜气 |
| ST12 | 全井段固井质量均在95%以上 | | | | | A、B 环空带压 |

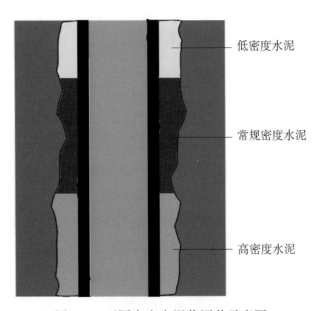

低密度水泥

常规密度水泥

高密度水泥

图 1.1 不同密度水泥浆固井示意图

由于固井所面临的问题越来越复杂，致使常规固井材料难以满足复杂情况下固井要求，固井材料出现了多样化及复杂化[12-16]。不同固井材料自身的物化特性差异较大，影响整个水泥环的物化性能，并最终影响声波水泥胶结测井结果。同时，由于施工时水灰比的波动误差以及水泥浆被钻井液不同程度的污染或与隔离液不同比例地混合，固井水泥环在井下不同深度必然形成不同程度的密度差异，从而影响对应不同深度水泥环声阻抗的差异，并最终影响声波水泥胶结测井结果。因此，固井质量评价应该针对不同工况和具体材料体系进行合理的解释，如实、客观地反映固井质量。

固井质量评价依赖于 CBL 声幅曲线及 VDL 声波变密度图。无论是声幅还是声波衰减率，归根结底都是声波能量的一种反映：声波测井时，接收器接收到的声波能量越大，CBL 曲线声幅值越大，声波衰减率越小；反之，接收器接收到的声波能量越小，CBL 曲线声幅值则越小，声波衰减率越大。

声波能量在两种不同介质分界面上的分配依赖于两种介质的特性声阻抗大小[17-22]。对固井质量评价而言，CBL 幅度与 CBL 衰减率的大小，以及声波变密度图像的灰度依赖于套管、水泥环与地层岩石三者的声阻抗。

地层岩石的声学特性可以通过地球物理方法得到。套管是钢质材料，其声阻抗值可以通过测定其密度与通过套管的纵波声速然后相乘得到[23-29]。对水泥环声阻抗特性系统性认知目前国内外还鲜见报道。套管与地层岩石之间介质的声阻抗特性直接影响声波水泥胶结测井结果，因而其声学特性研究至关重要[30]。

目前固井水泥浆设计时，新型混合材质层出不穷。对套管与地层之间的"填充物"声阻抗特性进行系统性研究，弄清楚多组分水泥石的声学特性以及井下水泥环声学物化特性，将有助于客观、真实、合理评价固井质量。对工程测井解释来讲，掌握水泥环声阻抗特性，在解释时尽量消除掉水泥环声阻抗特性对测井曲线的影响具有非常重要的工程应用价值。

## 1.2 声波水泥胶结测井研究现状

声波水泥胶结测井是评价固井质量的常用方法。目前测井现场使用 CBL（声幅）曲线定性估算固井第一界面（套管—水泥）水泥胶结状况，使用 VDL（变密度）曲线定性判断第二界面（水泥—地层）水泥胶结状况，同时结合 CBL/VDL 曲线对套管、地层、仪器偏心、微间隙、低密水泥等影响因素和干扰进行分析，可最大限度地消除声幅解释的局限性或多解性[31]。

声波水泥胶结测井结果的影响因素按声波水泥胶结测井时声波传播的路径（声波发射器—井内钻井液—套管—水泥环或钻井液—地层—水泥环或钻井液—套管—井内钻井液—声波接收器），可以分为仪器因素、井内流体因素、套管因素、水泥环因素、地层因素和信号处理因素等。

### 1.2.1 仪器因素

影响声波水泥胶结测井解释结果的首要因素是仪器因素，因为测量需要仪器来实现。概括起来，具体包括以下影响因素：声波仪器多样化、声波频率、仪器偏心（探头不居中）、刻度参数、声波入射角、传感器与井壁的距离、仪器发射能量偏差等。

（1）声波仪器的多样化。

用于检查固井质量检测的声波水泥胶结测井仪器有很多种，每类仪器的物理机制、解释方法、评价指标都各不相同，在进行声波水泥胶结测井解释时，不应忽视这种差异。

声波水泥胶结测井 CBL 产生于 20 世纪 60 年代后期，其判断第一界面（套管—水泥环）胶结情况比较可靠，但对第二界面（水泥-地层）的情况不能进行评价。因此，在 20 世纪 70 年代后期，开发了声波变密度测井（VDL）技术。其后，在 20 世纪 80 年代至今，又开发了 SBT（分区胶结测井）、MAK-2（俄罗斯声波测井仪）、CET（水泥评价测井）、PET（超声波脉冲测井）、UCT（超声波固井质量检测）、CAST—V（井周声波扫描）、QCZA-A 型全波固井测量（90 年代初期西安石油仪器厂研制成功）、CBET（声波全面检查固井质量测井仪）等先进声波测井方法进行固井质量检测。表 1.2 是各种声波水泥胶结测井仪的性能对比[4,6,32-39]。

### 表 1.2　声波水泥胶结测井仪性能比较

| 仪器型号 | 声系 | 声波频率（kHz） | 源距（m） | 间距（m） | 纵向分辨率（m） | 方位分辨能力 | 二界面分辨 | 备注 |
|---|---|---|---|---|---|---|---|---|
| CBL/VDL | 单发双收 | 20 | 1 | 0.5 | 1.00 | 无 | 定性 | 模拟记录 |
| MAK-2 | 单发双收 | 20 | 1 | 0.5 | 0.50 | 无 | 定性 | 数字记录 |
| QCZA-A | 双发双收 | 20 | 1 | 0.5 | 0.50 | 无 | 定性 | 数字记录，可在裸眼井中进行测井 |
| CET(PET) | 8 个，自发自收 | 450~650 | | | 0.15 | 45° | 半定量 | 记录反射声脉冲 |
| UCT | 1 个，旋转自发自收 | 300~400 | | | 0.05 | 22.5° | 可定量 | 探头旋转，记录反射声脉冲 |
| CBET | 8 个，自发自收 | 1000 | | | 0.15 | 45° | 可定量 | 记录反射声脉冲 |
| SBT | 12 个，6 发 6 收 | 100 | 小于临界距离 | | 0.30 | 45° | 定性 | 探头贴套管壁，扇形排列 |

注：UCT 要求钻井液密度低于 1.30g/cm³，CBET 要求井液尽量是清水（密度 1.00g/cm³）。

虽然当今声波水泥胶结测井仪器类型多样，但国内检查水泥胶结质量的主要测井仪器还是 CBL/VDL 型。随着科技的发展，声波水泥胶结测井仪器必然会更加完善和更加科学，为了使各不同测井仪器测得的数据之间相互具有对比性，以利于统一解释评价标准，颇有必要对不同测井仪器进行性能对比和统一刻度标准[40-42]。

（2）声波频率。

生产实际中，CBL/VDL 测井的仪器频率在 10～20kHz 之间。声波信号通过流体后的衰减与发射器的发射频率成正比[43-49]。已有资料表明[6,50]，频率较小的 CBL 仪器测得的声幅值大，但其 $A_{max}/A_{min}$（声幅）值略小。

（3）仪器偏心（探头不居中）。

声波水泥胶结测井得到的信号是各个方向上套管波的叠加，得到的信号是叠加信号，固井评价依靠的就是这种叠加波的能量强弱[51-57]。当声波仪器在井眼内不居中时，接收器接收到的信号可能就只是某个方向的套管波能量，或某几个方向的套管波能量的叠加，这时，得到的声波能量明显较小，其幅度也就比仪器居中时测到的声波幅度要小，可能会引起测井解释的误判。由于接收距离较近，对仪器居中要求严格，测井时速度不能太快，上下端都要加扶正器[58-62]。

如图 1.2 所示，仪器偏心会降低套管波首波的幅度，并在某些时候与套管波的后续波实现同相位叠加，在变密度图上出现明显的垂直条带；在波形图上，套管波首波幅度小于后续波幅度，特别是在大斜度井段，声幅幅度降低明显，利用声幅评价水泥胶结会受到一定影响[31,63]。

（4）刻度参数。

一般声波水泥胶结测井是以自由套管段的声幅度为刻度的。但如果刻度的套管段并非是完全的自由套管段，最后测得的声幅曲线就会产生误差。由于声幅刻度是在自由套管处的首波套波，如果误套在其他如地层波上，则声幅与变密度曲线的相关关系将不正常[64-68]，如图 1.3 所示。

（5）声波入射角。

入射的声束与井壁的夹角决定了传感器的接收能量。如果井壁呈现椭圆形，反射声波大部分会在返回传感器时被发散掉，椭圆形井眼接收信号能量低。而圆形井眼，入射角等于反射角[69-71]。因此，声波入射角的影响相当于井径的影响。

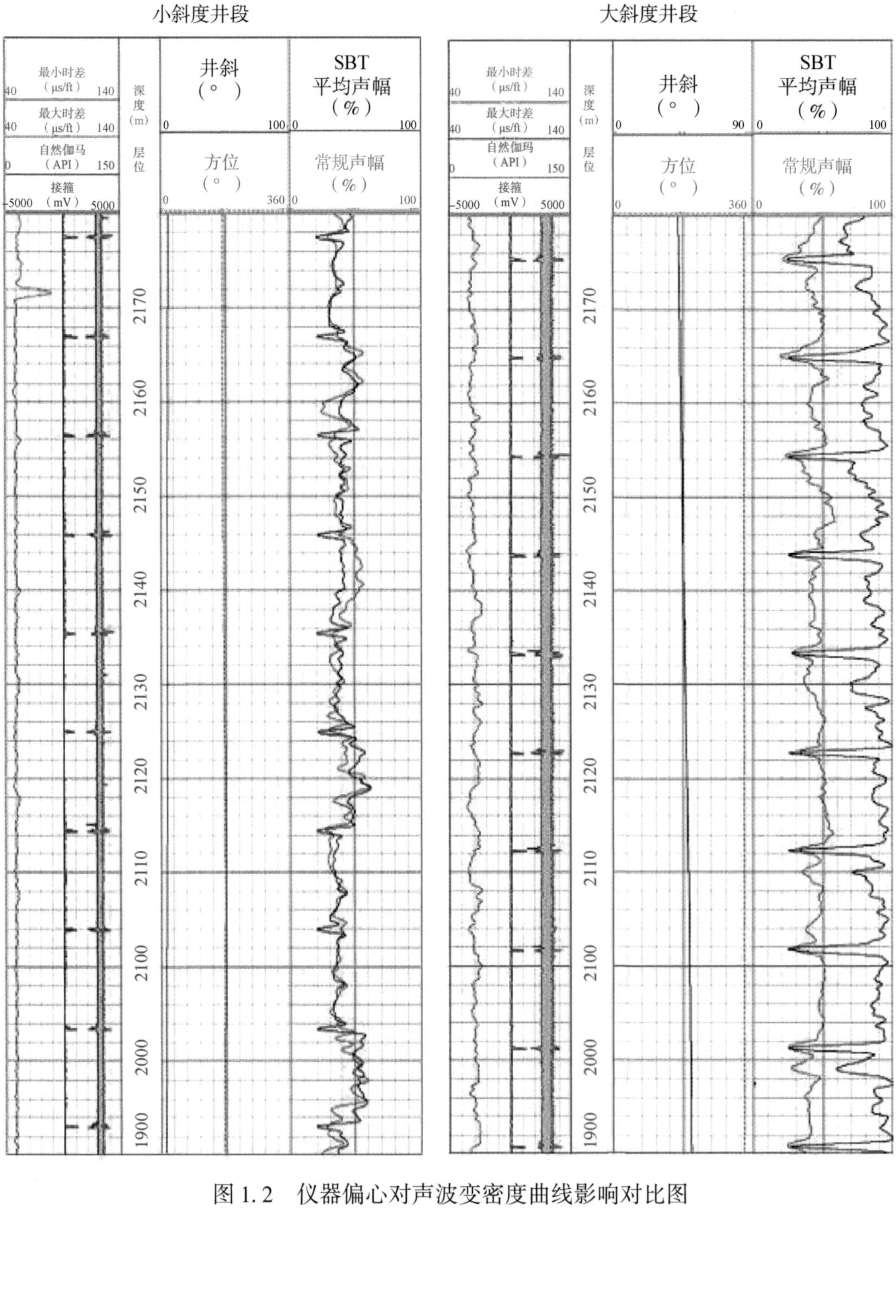

图 1.2　仪器偏心对声波变密度曲线影响对比图

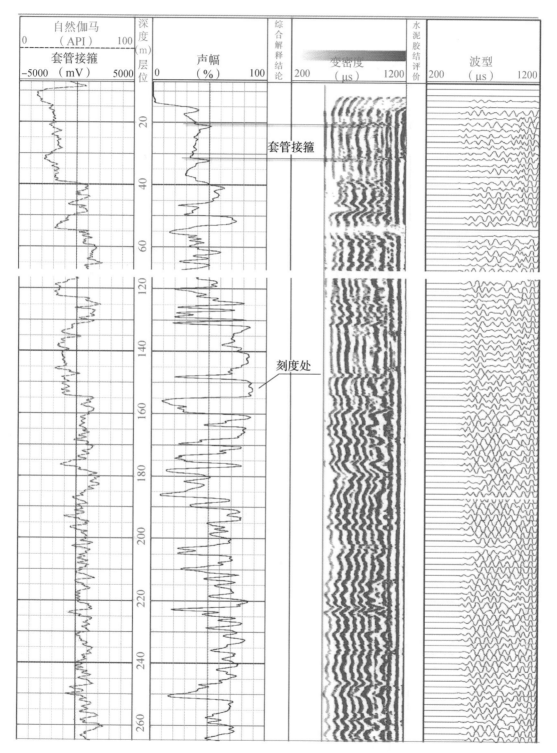

图 1.3　刻度不准声波变密度曲线示意图

（6）传感器与井壁的距离。

测井时，声波是由发射器发射经过井内流体、套管、水泥环、地层，再从井壁返回水泥环、套管、井内钻井液，最后由接收器接收。这一距离越大，则信号衰减越大，接收到的声波幅度则越小[72-78]。

（7）仪器发射能量偏差。

声波水泥胶结测井仪器在高温高压下长时间工作，声发射能量会有一定偏差，这样就影响到测量结果的正确性[79-81]，必须根据刻度时的记录数值进行校正。

## 1.2.2　井内流体因素

声波水泥胶结测井曲线资料，应用最多较为有用的波为套管波、地层波与水泥环波，钻井液波的应用较少。不同类型的井眼流体其衰减率也不同。如果钻井液类型和传感器的发射频率一定，则衰减率与钻井液密度成正比[60,82]。

由于现在对"三高"井的固井安全和质量的高度重视和严格要求，要对井口的封固质量进行评价，而现场固井测井一般在井口几十米井段没有信号，故现场测井施工队要详细了解井内液面情况，采取注液、换液等措施，尽量取全资料。如果确实不能取全资料，应向用户汇报并修改测井井段[83-85]。

## 1.2.3　套管因素

现有研究表明，声波水泥胶结测井时，套管对测井结果的影响是不容忽视的。影响固井质量评价结果主要因素包括套管直径、套管厚度、套管居中，双层套管以及套管与水泥环之间的微环隙。

（1）套管直径。

当套管直径增加时，由于声波换能器与第一界面距离增加，会直接导致CBL首波幅度的减小[6,86-88]，而其对第二界面的评价（VDL）结果影响不大。

套管直径的大小将影响到声幅曲线幅度的大小，对变密度曲线首波的到达时间也有影响，套管直径大的首波（套管波）的到达时间要晚，套管直径小的首波（套管波）的到达时间要早[89,90]。各种不同套管直径（套管波）变密度曲线对比示意图如图1.4所示。

由于目前声幅解释采用本井相对幅度法、变密度使用定性分析，故套管直径的大小对解释的影响不大。

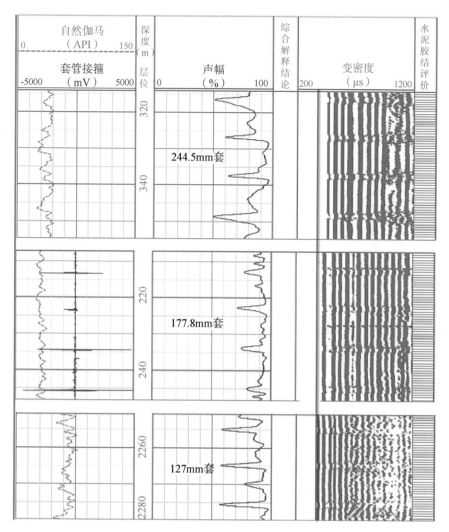

图 1.4　不同套管直径(套管波)变密度曲线对比示意图

（2）套管厚度。

图 1.5 表示了套管厚度对 CBL 测井的影响[6,16,91]。由图 1.5 可以看出，在套管与地层间水泥环一定的情况下，套管的厚度增加会使得声波测井时声波衰减减小，导致声波幅度增大[4,92]。

（3）套管居中。

套管居中对固井质量评价的影响与仪器居中对固井质量评价的影响类似。套管不居中时，在胶结物较薄时或套管接触到地层时，声波接收器接收到的信号可能是套管波、地层波二者的叠加，因此，其幅度会增大[93-98]。

（4）微环隙。

套管—水泥环界面微间隙是指套管与水泥之间存在极小的充满流体的环形空间，其厚度一般定义为 0.11mm 左右。

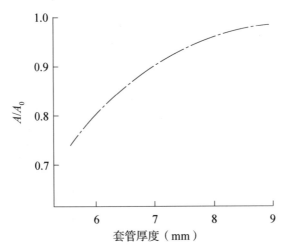

图 1.5 套管厚度对 CBL 测井的影响

注：$A$ 为测得声幅值；$A_0$ 为自由套管声幅值

微环形成原因：水泥凝固前就释放了井口压力；水泥凝固时套管热膨胀；固井后钻水泥塞、通井等作业，撞击套管使水泥环受到振动而产生；套管外壁的漆皮或油污等造成水泥脱落形成[99,100]；固井前后井内静液柱的压力变化等，但主要的因素还是因为产生微环空时套管内所受压力低于产生微环空前套管所受压力所致[101-108]。因此，将此因素也归纳到套管因素中来讨论。

当微环中充满气体时，测井解释尤其困难，往往通过 CBL/VDL 曲线解释为固井质量不合格。这是油田工程测井解释的难点之一。本书在理论分析中会对其原因进行分析。

微间隙不影响生产层间的水力密封，但水泥环与套管间没有切变耦合，致使在声幅固井质量检测中套管波幅度偏高。这样常常会得出固井质量差的结论。

此种情况下，CBL 和 VDL 测井所受的影响基本相同，声幅曲线有一定的幅度，变密度曲线地层波信号强，但又有部分套管波稳定且延续井段较长。这种情况将无法准确判断实际的固井情况。这时应采用加压测固井声幅和变密度，可以准确了解实际的水泥胶结情况[31,109]。

图 1.6 表示了微环隙在声波变密度图上的显示。从图中可以明显看出，套管波能量较强，地层波信号也较强。

（5）双层套管。

在双层套管井段，存在内层套管与外层套管之间的内层环空，以及外层套管与地层之间的外层环空[110,111]。

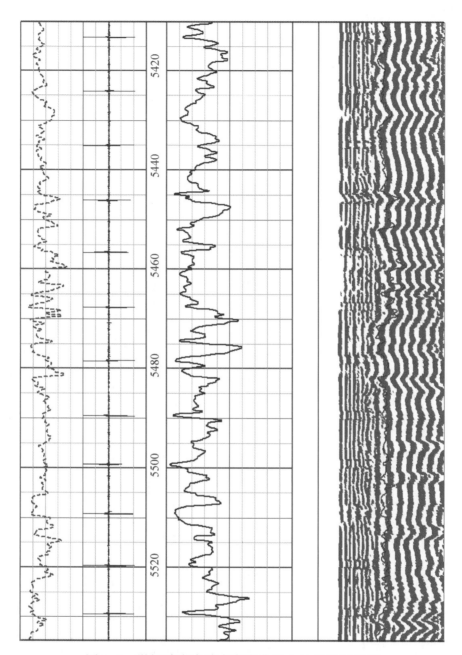

图 1.6 微间隙在声波变密度曲线上的反映示意图

研究表明：在双层套管井段，存在内层水泥环时的内、外层套管波到时之差（15~25μs）远小于 CBL 固定门宽（50~80μs）。因此，采用这样的固定门宽度，双层套管井段 CBL 测量有可能受外层套管反射波的影响，造成假响应[31]（图 1.7）。

如果 CBL 和 VDL 对内、外层套管接箍均有反映，CBL 曲线上内层接箍信号较尖锐，外层接箍信号较圆滑，VDL 上出现外层套管接箍信号。那么相应井段的声幅曲线不反映固井质量[112,113]。该井段内层水泥环的固井质量至少可评价为"合格"。如果 VDL 的内层套管波第一相线无或很弱，而后续套管波强，那么内层水泥环的水泥胶结可以评价为"优"。

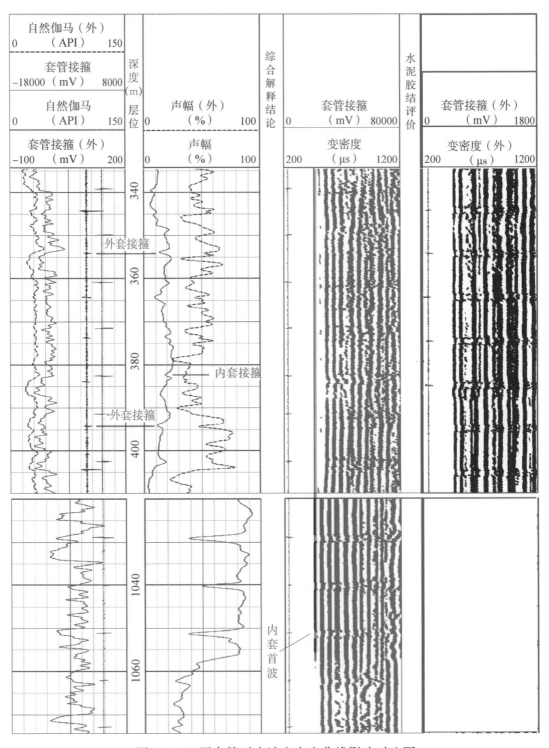

图 1.7　双层套管对声波变密度曲线影响对比图

## 1.2.4 地层因素

对渗透性的砂岩层段(特别水层),水泥凝固较快,且凝固后套管波的幅度较低,对非渗透性层段,水泥凝固慢,且凝固后水泥的密度及强度都不大,所以凝固后套管波的幅度较高。这说明对低密度水泥环,外部地层速度降低时套管波的幅度增大。对 G 级加砂和纯 G 级水泥环套管波的幅度也随环外岩性改变而变化。并且水泥环密度越低受环外地层岩性变化影响越大[1,12,114,115]。

目前常规的固井质量测井测量的主要是套管波第一正峰幅度或其衰减率,而在一些快速地层段(岩性致密、传播声波速度快的地层叫快地层),如深层压实程度较高的地层或白云岩、石灰岩等地层,地层波比套管波先到达接收器,地层波叠加在套管波上使 CBL 测量值变高,造成第一界面胶结状况的错误判断。是否快速地层,可通过测量声波的传输时间来确定。这种情况,用常规测井解释方法,声幅测井将得到错误的解释,但在变密度图上和自然伽马图上,可以分辨出快速地层[116,117]。

在固井质量较好的情况下,地层岩性对固井质量评价具有一定的影响,慢速地层和快速地层的固井质量的评价应充分考虑地层岩性作用的影响。

一般当第一、二界面胶结良好时,声幅幅度应较低,变密度曲线地层波强且相线清晰,但在快速地层却反映出声幅幅度较高,而变密度曲线首波到达时间于套管波一样甚至超过。如果用声幅幅度进行解释,显然会降低该井段(地层)的固井质量解释[31,118,119]。各种材料的声波速度见表 1.3。

表 1.3　各种材料的声波速度

| 材　料 | 声波时差(μs/ft) | 声波速度(ft/s) |
|---|---|---|
| 硬石膏(纯) | 50 | 20000 |
| 白云石/方解石 | 43~70 | 15856~9740 |
| 石英(纯) | 52.9 | 18900 |
| 水 | 208 | 4800 |
| 空气 | 919 | 1088 |
| 钢(套管) | 57 | 17544 |

快速地层与慢速地层声波变密度曲线对比现场实际图例如图 1.8 所示。石灰岩声速为 6.4~7.0km/s,属于快速地层;砂岩声速为 5.5km/s,相对来说,属于慢速地层。在 CBL 曲线上,可以看到,石灰岩地层声幅值明显比砂岩地

层声幅值要高。在声波变密度图上同样可以看到，石灰岩地层井段接受到的套管波能量由于地层波的叠加而显著增高，套管波相线灰度较深。如果不对岩性声速做出判断，解释时，就可能直接将石灰岩井段的固井质量判断为第一界面固井质量差，从而可能引起测井解释的误判。

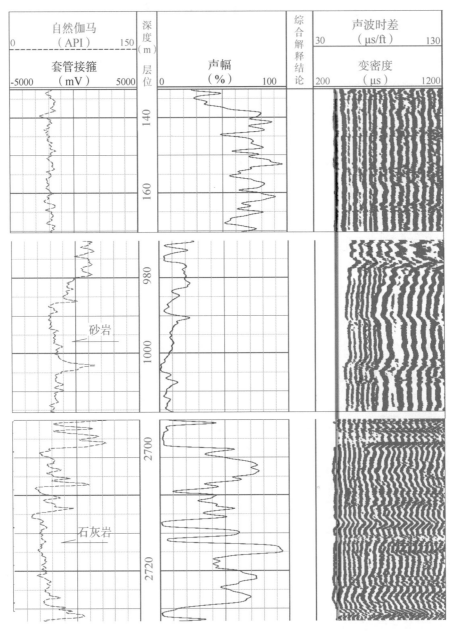

图 1.8　快、慢速地层声波变密度曲线对比示意图

## 1.2.5　信号处理因素

测井信号解释结果因人而异，因油田而异。对测井信号中有用成分的提取

和处理受到现有研究水平的制约。

可以相信，随着研究手段与研究水平的进一步发展，信号的高精度解释研究将会更真实地反映井下固井质量情况。

### 1.2.6　水泥环因素

固井质量评价，就是注水泥之后，检查除支撑套管和防止各层套管腐蚀之外，其他施工目的是否达到要求：表层套管固井是要求封隔和保护水层，并支撑下一层套管柱重量；技术套管固井是为了封隔异常压力地层、封固易坍塌地层和封堵漏失地层；生产套管固井是为了防止环形空间内的流体互相窜通，并确保层间封隔；补救注水泥是为了改进注水泥施工质、封堵射孔孔眼、修补套管泄漏部位及封堵产层等；打水泥塞是为了有一个坚固的人工井底。固井质量的评价方法一般是水力封隔测试、确定水泥顶面和声波水泥胶结测井[1,12]。

水泥环是影响声波水泥胶结测井结果的重要因素之一。声波水泥胶结测井解释评价的就是注水泥质量，水泥环在井下的状态直接影响声波水泥胶结测井结果。

水泥环对声波水泥胶结测井结果的影响不可忽视，如水泥环的密度、胶结强度、抗压强度、水泥环厚度、水泥浆体系和候凝时间等。

（1）水泥环厚度。

如图 1.9 所示，纯水泥养护 25h 后，当水泥环厚度增加时，声波衰减率也增加，声幅值会下降。在水泥环厚度大于 2cm 后，声波衰减率基本没有变化，声幅值也将稳定下来[12]。

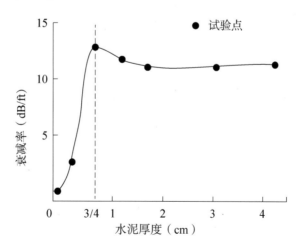

图 1.9　衰减率与水泥厚度的关系

而对低密度水泥环来讲，测井曲线声幅值随着水泥环厚度的增加而增加[6,66,119,120]。

从两种不同密度水泥环的分析可以看出，水泥环厚度对声波水泥胶结测井结果的影响很大，且其影响规律随着水泥环密度的变化而有所不同，其内在本质是因为不同密度水泥环的内部结构不一样。

（2）抗压强度及胶结强度。

固井注水泥必须满足各种要求，最主要的就是要在从生产层直到地面之间提供一个良好的封隔，这种封隔要保持若干年。而且，任何时候都不允许完井液或地层流体通过已注了水泥的环形空间流动。因此，凝固后的水泥石有三个参数：抗压强度、渗透率和孔隙度，其中抗压强度是最重要的。因它需要承受以后钻进中所产生的轴向负荷和旋转钻柱产生的挤压冲击力。当然还有支撑井眼和隔离地层[18]。

水泥石的隔离能力取决于套管与水泥的胶结强度和水泥石的渗透率。一般说来，水泥石的渗透率都低于 0.01mD，但胶结强度却随抗拉强度的增加而提高。通常，压缩强度介于张力强度的 1/2～1/10 之间，而与抗折强度没有直接关系[1]。

一般地，当水泥环与套管、地层胶结强度较高时，声波接收器接收到的信号较小。水泥环抗压强度越高，声波首波幅度值会越低。

（3）与水泥环声阻抗有关的因素。

当仪器、钻井液、套管、地层因素一定时，水泥环声阻抗越大，则回波声幅越小。而能引起水泥环声阻抗增大最直接的方法就是提高水泥环密度。而水泥浆体系与候凝时间、测井时间对水泥环声阻抗的影响还需要结合多组分水泥材料科学、水泥环内部结构与晶相组成以及水泥浆设计冷热浆稳定性进行研究。

对现场声波测井来讲，候凝时间越长，测井结果越好。温度越高，水泥水化越快，声波测井越稳定[8]。水泥浆候凝时间直接关系到工程测井时间的确定，而目前工程测井时间的确定主要是靠经验，缺乏科学的实验室数据作为支撑。

1987 年 Juttenet 等给出了在有围压条件下不同组分水泥石的声学性质。从其研究成果中可以看出，似乎低密度水泥浆声阻抗较低，并在几天后发生明显的变化。而对于密度较高的水泥浆，凝固 1 天后与凝固 7 天后的声阻抗变化小于20%。这对使用空心微球作充填剂的水泥浆来说是至关重要的，它使得凝固后的水泥浆具有较低的声阻抗值。泡沫水泥声阻抗也非常低。当泡沫水泥孔隙度很高时，声波测井解释很难将水泥与水加以区别[121,122]。

对声波水泥胶结测井研究现状分析后，可以看出还存在很多的问题：

（1）仪器因素：仪器多样化，每类仪器的物理机制、解释方法、评价指标都各不相同，使各仪器测出的数据不具有对比性，造成解释评价的不统一。因此必须对不同测井仪器进行性能对比和统一刻度标准。

（2）套管因素：套管与水泥环间常常形成微环隙，造成接收到的测井信号能量的增加。

（3）地层因素：快速地层使得接收到的信号是地层波或地层波与套管波的叠加，而不是套管波，需对其进行准确地分辨与解释。

（4）信号处理因素：难以完全准确地确定地层波到达的时间；不同油田的解释标准不相同；发展信号的高精度解释以及定量解释等研究，力图准确地在VDL 图上将套管波与地层波分开。

（5）水泥环因素：从材料科学以及水泥浆设计的角度探讨，国内还没有进行过系统的关于水泥浆体系对水泥环声阻抗的影响方面的研究；缺乏实验室数据来支持工程测井时间的确定。

影响声波水泥胶结测井结果的因素还包括有人为因素，即在仪器操作、资料解释时不可避免的人为误差等。测井操作方式不对将造成声波变密度曲线变化异常，声幅与变密度曲线相关关系变差。

声波水泥胶结测井主要是围绕水泥环这一研究对象进行固井质量评价。声波水泥胶结测井，主要评价的就是水泥环与套管、地层之间的声耦合质量。水泥环是固井质量评价的核心内容之一。因此，上述分析的各因素中，水泥环因素是影响声波水泥胶结测井结果的主要因素之一。

## 1.3 现场测井解释存在的问题

通过对现场工程测井解释的调研后了解到，目前，油田现场固井工程测井解释的难点为：

（1）微环隙对解释的影响（尤其是当微环隙中充满气体时，其对 CBL/VDL测井曲线的影响）。

（2）快速地层对测井结果的影响。

（3）双层套管的声波水泥胶结测井解释。

（4）半边胶结，如水平井固井后固井质量评价测井的正确解释。

（5）低密度水泥固井对工程测井解释的影响。

（6）新型的固井水泥浆材料、外加剂对声波水泥胶结测井结果的影响，以及工程测井时间的科学确立。

其中，难点（1）、（2）、（3）、（4）偏重于工程测井角度，难点（5）、（6）偏重于固井工程角度。声波水泥胶结测井依赖的最基本原理是声波在不同介质界面上的反射、透射以及声波能量分配关系，因此其解释结果本质的影响因素是介质的声阻抗差异。对固井工程来讲，固井质量评价需要解决的问题主要围绕水泥环这一对象。固井质量评价的是第一界面与第二界面的固井质量，而界面上介质的声阻抗差异是声波能量分配的本质影响因素。因此，固井水泥的声阻抗特性是影响声波水泥胶结测井结果的本质因素之一。

通过对声波水泥胶结测井研究现状的分析以及现场测井解释的调研，从固井工程角度出发，将水泥环定为主要研究对象。

对国内外文献调研后发现，目前国内外对水泥环的研究均是直接研究水泥环某些性能对声波水泥胶结测井结果的影响，如水泥环厚度、强度性能、密度、候凝时间、温度等对声波水泥胶结测井结果的影响。实质上，直接影响声波水泥胶结测井结果的是水泥环的声阻抗特性。而水泥环厚度、密度、候凝时间、温度等直接影响的是水泥环的声阻抗特性。目前国内外对水泥环声阻抗特性的系统性研究还鲜见报道。

因此，要搞清楚固井水泥环对声波水泥胶结测井解释结果的影响，必须对水泥环的声阻抗特性进行认知。而对水泥环声阻抗的认知必须对其影响因素进行分析。

# 第2章 固井水泥声学特性研究的理论基础

目前评价第一界面(套管—水泥环)与第二界面(水泥环—地层)固井质量的常规方法是声波幅度测井(CBL)与声波变密度测井(VDL)。声波幅度测井测量的是沿套管传播的滑行波的首波幅度值(其与能量成正比);声波变密度测井记录的也是声波信号幅度,所不同的是它不仅记录了首波的幅度,也记录了后续波幅度的变化。可以看出,CBL 与 VDL 对固井质量的评价解释均依赖于接收器接收到声波幅度的大小,而声波幅度与声波能量是成正比的。根据声波基本原理,两介质分界面上回到入射介质的声波能量是与两介质的声阻抗密切相关的,对第一界面与第二界面来讲,从第一界面回到接收器的声波能量取决于套管与水泥环的声阻抗,第二界面回到接收器的声波能量取决于水泥环与地层的声阻抗。

本章将利用声波基本理论对水泥胶结测井解释作出分析,并对影响多组分水泥声学特性的因素作出分析。

## 2.1 固井质量评价方法简述

声波水泥胶结测井是固井质量评价最常用的有效方法。长期以来,人们习惯于仅利用相对声幅和固定指标评价固井质量。这种评价指标是基于以前常用 7in 套管固井和 3ft(或 1m)源距相对声幅理论研究、实验研究及现场经验制定的。但实际套管尺寸变化很大,声幅测量源距也不统一。通常,只要试油或油气开采过程中未出现异常情况,就不会讨论水泥环层间封隔性能,更没有制定水泥环层间封隔性能评价标准。这就易于出现无据可依、因人而异和误评价的局面。

研究和现场经验表明,固井质量测井存在地球物理探测的共同弱点——多解性。只有在理想条件下,仅利用 CBL 曲线就可以正确评价固井质量。多数情况下，固井质量测井响应受固井质量以外其他因素的影响或干扰。水泥环层间封隔性能除了与水泥胶结状况有关外，还与其他多种因素有关。随着油气勘探开发难度的加大和科学技术的不断进步，固井作业承包商追求固井效果和效益，研究和应用新设备、新工艺和新材料，测井公司采用新的固井质量测井仪器和各具特色的固井质量评价方法。此外，目前固井质量测井都或多或少地存在着局限性[56]。

对于以油气勘探开发效益为基本出发点的油公司来说，固井是油气井建井的关键环节，也是保证油气井生产寿命的关键所在。固井质量对油气田勘探开发效益和油气田开发产能建设，具有十分重要的意义。固井质量的核心问题是水泥环层间封隔性能。近年来，在重点井试油或投入生产之前，勘探开发部门都十分重视固井质量，要求测井解释人员给出水泥环层间封隔的确切结论，以便为实施分层测试和分层开采提供决策依据。如果固井质量误评价，就可能导致试油资料和生产动态的错误分析，从而耽误油气层发现或造成不必要的昂贵费时的验窜和补挤水泥作业。

SY/T 6592—2016 内容包括目前常用的固井质量评价方法：固井施工记录（评价固井施工质量）；固井质量测井（基本的固井质量评价手段）；生产测井和工程验窜（对固井评价成果进行检验）。经常遇到的较难分析的水泥胶结测井响应分为三类：

（1）不能用水泥胶结测井资料评价的两种特殊状况：水泥候凝时间不足和微环隙。

（2）只能用于定性评价的水泥胶结测井资料：受快速地层、外层套管、岩性与地层孔渗性能等因素影响。

（3）无自由段套管固井的声波幅度测井资料。

同时，专门规定了这些测井响应的判断方法和固井质量评价方法。

对于以"毫伏"（mV）为单位的声幅曲线，按下式转换成以自由段套管为100%的相对声幅曲线：

$$U = \frac{A}{A_{fp}} \times 100\% \tag{2.1}$$

式中　$A$——计算深度点的声幅值，mV；

　　　$A_{fp}$——自由段套管的声幅值，mV；

　　　$U$——相对声幅值，%。

过去，除了直接用套管声波幅度评价固井质量外，还常用胶结指数。实验证明：

（1）胶结指数与水泥环所占套管圆周的比例成正比。

（2）自由套管井段的声波衰减率不为零，而且在任意水泥胶结状况下的声波衰减率 α 中都叠加了自由套管衰减率，即在胶结指数中，引入了一个与水泥胶结无关的因素。这就是胶结指数曲线的截距总是不为零的原因。

在低密度水泥固井条件下，套管声波衰减率所占的比例将明显提高。换言之，与水泥胶结无关的套管因素所占比重明显上升，截距将明显增大。

CBL 测井值与测量源距和套管尺寸有关，如果直接用 CBL 曲线评价固井质量，就易于出现评价错误。SY/T 6592—2016 规定，首先将 CBL 曲线转化为与套管尺寸和测量源距无关的胶结比和水泥胶结强度，然后根据有关评价指标来评价固井质量。

胶结指数：

$$BI = \frac{\alpha}{\alpha_g} \tag{2.2}$$

胶结比：

$$BR = \frac{\alpha - \alpha_{fp}}{\alpha_g - \alpha_{fp}} = \frac{\lg A - \lg A_{fp}}{\lg A_g - \lg A_{fp}} \tag{2.3}$$

利用解释图版或者直接根据下面的公式，可以将 CBL 值转化为水泥胶结强度：

$$S = (1.8097T^2 - 15.58T + 57.71)k \cdot \left[\left(\frac{T+2.54}{83.33}\right)\alpha\right]^p \times 10^{-3}$$

$$p = -0.00434T^2 - 0.0622T + 4.44$$

$$\alpha = -21.8723 \times \log U - 0.0137 \times d + 49.62$$

式中  $\alpha$ ——声波衰减率，dB/m；

$T$ ——套管壁厚，mm；

$d$ ——套管外径，mm；

$k$ ——与源距有关的系数。

引入胶结比后，消除了套管的影响，理论上反映水泥胶结程度，且仍与水泥环占套管圆周的比例成正比，更能单纯地体现水泥胶结状况，理论上与水泥沟槽情况下水泥环向覆盖率一致。另外，*BR* 还可以通过查图版直接求得。相比之下，先要用图版将声波幅度转化为衰减率后才能计算胶结指数，用胶结比显得简捷，便于现场快速评价。由于套管的声波背景，胶结指数与水泥充填率不一致。在水泥胶结不好的条件下，胶结指数受水泥密度影响明显。这是 SY/T 6592—2016 选用胶结比评价水泥胶结状况的原因之一。

在常规密度水泥固井条件下，把反映常用尺寸（外径 7in，壁厚 0.408in）套管固井的几种测井评价指标（相对声幅、胶结比和胶结强度）统一起来，其余尺寸套管的相应评价指标依此类推。根据水泥胶结强度指标和 SBT 解释图版，可很容易地将 SBT 衰减率评价指标与相对声幅和胶结比统一起来。表 2.1 是外径 7in 壁厚 0.408in 套管固井的几种测井评价的指标对比。

表 2.1　外径 7in 壁厚 0.408in 套管固井的几种测井评价指标对比

| 相对声幅(%) | 水泥胶结强度(psi) | 胶结比 | 评价结论 |
|---|---|---|---|
| >30 | ≤200 | ≤0.5 | 差(不合格) |
| 15~30 | 200~713 | 0.5~0.8 | 中等(合格) |
| ≤15 | >713 | >0.8 | 优 |

对于其他尺寸套管固井来说，水泥胶结强度和胶结比评价指标都是不变的，只有相对声幅是随套管尺寸变化的。CBL 声幅曲线解释现场定性标准是：声幅值越低，则判断第一界面固井质量越好。

在固井质量评价方法（SY/T 6592—2016）中，第二界面（水泥环与地层或外层套管之间的胶结面）的胶结状况是根据 VDL 来进行评价的。这种评价虽然只是定性的，但要求解释人员具有相应的声波知识和较丰富的现场经验。目前，由于认识水平和测井仪器探测能力的限制，第二界面胶结状况评价只能是定性的。SY/T 6592—2016 中暂时没有制定第二界面的定量评价方法。VDL 响应的解释参照表 2.2 进行[123]。

表 2.2　根据 VDL 定性评价固井质量

| VDL 特征 | | 固井质量定性评价结论 | |
|---|---|---|---|
| 套管波特征 | 地层波特征 | 第一界面胶结状况 | 第二界面胶结状况 |
| 很弱或无 | 地层波清晰，且相线与 AC① 良好同步 | 良好 | 良好 |
| 很弱或无 | 无，AC 反映为松软地层，未扩径 | 良好 | 良好 |

| VDL 特征 | | 固井质量定性评价结论 | |
|---|---|---|---|
| 很弱或无 | 无，AC 反映为松软地层，大井眼 | 良好 | 差 |
| 很弱或无 | 较弱 | 良好 | 部分胶结 |
| 较弱 | 地层波较清晰 | 部分胶结(或微间隙) | 部分胶结至良好 |
| 较弱 | 无，或地层波弱 | 部分胶结 | 差 |
| 较弱 | 地层波不清晰 | 中等 | 差 |
| 较强 | 弱 | 较差 | 部分胶结至良好 |
| 很强 | 无 | 差 | 无法确定 |
| 套管波特征 | 地层波特征 | 第一界面胶结状况 | 第二界面胶结状况 |

① AC 为在裸眼井中测量的纵波时差曲线。

常规密度水泥在我国乃至全世界油田的固井作业中，使用最普遍，使用时间最长，因而积累的理论研究、实验研究和现场应用成果最多。因此，在常规密度水泥固井评价方面规定得较为细致。

我国许多油田还使用低密度水泥和高密度水泥固井。但是，有关低密度水泥和高密度水泥的固井质量测井响应规律和固井质量现场评价方面的研究成果，目前远不丰富，所以《固井质量评价方法》(SY/T 6592—2016)中的有关规定显得较为粗略。

分析以上第一界面与第二界面固井质量评价标准，可以看出固井质量测井评价标准中：对 CBL 测井得到的各参数进行分析，不难发现，无论是相对声幅、胶结指数、胶结比，还是水泥的胶结强度的公式里面，要么包含声波衰减率，要么包含声幅值，而衰减率与声幅值均是回波能量的一种反应，其受到套管、水泥环与地层的声阻抗值的影响。从 VDL 的评定标准上来看，其主要依赖于测井仪器接收到的套管波与地层波的清晰程度或强弱程度来进行定性判断。声波测井仪器发射出去的声波，在经过套管、水泥以及地层之后，一部分能量衰减掉了，接收器接收到的套管波与地层波的能量小于发射时的声波能量，而套管波与地层波的清晰程度或强弱程度就依赖于接收器接收到的套管波与地层波的能量。声波在套管、水泥与地层中传播时能量衰减的越多，套管波就越弱或看不到显示，地层波就越清晰，反之则套管波越强，地层波不清晰。

综上所述，评价固井第一界面水泥胶结状况的常规方法是使用 CBL 曲线

— 23 —

进行定性估算，定性判断第二界面水泥胶结状况的常规方法是使用 VDL 曲线。CBL 测井参数均与水泥环声阻抗值有关，VDL 接收到的套管波、地层波能量的大小取决于套管、水泥环、地层三者声阻抗的相对大小。因此，水泥环的声阻抗是影响声波水泥胶结测井解释结果的本质因素之一。

## 2.2 固井质量评价测井解释的理论基础

声幅值大小与 VDL 套管波、地层波的清晰程度是声波水泥胶结测井解释的依据。本节将从声波能量分配及声耦合的角度对声波水泥胶结测井解释的理论基础进行分析，即从声波的基本理论出发探讨 CBL 与 VDL 资料解释标准。

水泥胶结测井所利用的是声波的传播机理，把声波在套管、水泥环与地层三者之间的传播看成声波在平面上不同介质中的传播，这样就可以通过对声波在两种介质分界面上的入射、反射与折射的规律来说明介质声阻抗对声波传播的影响。

声波从介质 1 传播入介质 2 时，声耦合率被定义为介质 1 与介质 2 声阻抗值之比。实践证明声耦合率越小，声波越容易由介质 1 传入介质 2，介质 1 中声波能量就越小，反之介质 1 中声波能量就越大。通过对声耦合率的分析，可以知道套管、水泥环与地层三者的声阻抗值是声波水泥胶结测井解释依据的基本影响因素。

首先，建立固井一界面、固井二界面胶结模型。

### 2.2.1 界面胶结模型

为何套管波较弱的时候反映第一界面胶结好，而地层波比较强时第二界面胶结好呢？下面将建立模型对这一标准进行理论分析。

水泥胶结测井利用的是声波的传播机理，把声波在套管、水泥环与地层三者之间的传播看成声波在平面上不同介质中的传播，这样就可以通过声波在两种介质分界面上的入射、反射与折射的能量分布以及声耦合原理分析 CBL/VDL 解释标准。

通常声阻抗以 $10^6 kg/m^2 \cdot s$ 为单位表示，也称 Mrayl（兆雷利）。

下面分第一界面与第二界面胶结质量均较好、第一界面固井质量不好、第二界面胶结质量较差三种情况进行直观模型分析。

模型 A：第一与第二界面胶结质量均较好。

如图 2.1 所示，当第一界面与第二界面固井质量良好，说明固井水泥环与套管、地层"紧密接触"，套管与水泥，水泥与地层之间均无窜槽，从声学意义上理解，套管与水泥、水泥与地层之间均无第三介质的存在（声波穿过套管就直接进入水泥环，穿过水泥环就直接进入地层）。

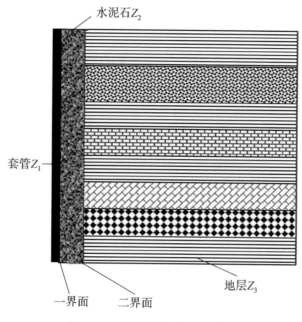

图 2.1　无窜槽的井下示意图

由声波在两介质分界面上各声学参数定义，可以得到当固井一界面胶结好时的参数公式如下：

声压反射率：

$$R = \frac{Z_2 - Z_1}{Z_2 + Z_1} \tag{2.4}$$

声强反射系数：

$$\sigma = \frac{(Z_2 - Z_1)^2}{(Z_2 + Z_1)^2} \tag{2.5}$$

声压透射率：

$$D = \frac{2Z_2}{Z_2 + Z_1} \tag{2.6}$$

声强透射系数：

$$\beta = \frac{4Z_1 Z_2}{(Z_2 + Z_1)^2} \tag{2.7}$$

引用基础声学理论分析可知：

从式(2.4)和式(2.6)可见：若 $Z_1 = Z_2$，则 $R = 0$，$D = 1$。这时声波全部从第一介质透射入第二介质。对声波来说，两种介质如同一种介质一样；若 $Z_1 \ll Z_2$，则 $R \rightarrow 1$。声波在界面上几乎全部反射透射极少；若 $Z_1 \gg Z_2$，则 $R \rightarrow -1$。声波也几乎全部反射，且反射率为负，表示反射波与入射波反相(相位差 180°)。

从式(2.5)和式(2.7)可见：(1)若 $Z_1 = Z_2$，则 $\sigma = 0$，$\beta = 1$ 声波能量全部透射；(2)若 $Z_1 \gg Z_2$ 或 $Z_1 \ll Z_2$，$\sigma \rightarrow 1$，$\beta \rightarrow 0$，即当两种介质声阻抗相差悬殊时，声波能量在界面上绝大部分被反射，难以进入第二种介质；(3)若 $\sigma + \beta = 1$，这符合能量守恒定律。

对固井一界面来讲，上述声学理论分析可以转换成：

从式(2.4)和式(2.6)可见：因套管声阻抗恒大于水泥环声阻抗(钢的密度与声速均远远超过水泥浆密度)，因此，$Z_1 > Z_2$，$R$ 为负值。当水泥环声阻抗越大，越接近套管声阻抗时，$R \rightarrow 0$，$D \rightarrow 1$，此时，声波将会更多地从套管透射入水泥环，即此时 CBL 测井声幅值会更低。

从式(2.5)和式(2.7)可见：当水泥环声阻抗值越大，越接近套管声阻抗值时，$\sigma \rightarrow 0$，$\beta \rightarrow 1$，声波能量将会更多地从套管透射入水泥环，回到声波接收器的声波能量减少，CBL 声幅值更低。

从以上描述，可知，针对第一界面，当水泥环声阻抗值越大，CBL 声幅值越低，在这个意义上，水泥环声阻抗与 CBL 声幅值成反比。

在固井水泥浆设计时，提高水泥浆的密度，提高水泥环的声速值，可以得到更好的声幅曲线固井解释结果。

当声波在一种介质中倾斜入射到另一种介质界面时，将发生方向、角度及波形的变化。

和光的传播类似，声波在界面上方向和角度的变化服从反射定律和折射定律。当在流体分界面传播时，介质中只有单一的波——纵波出现。

在固体介质分界面的情况则复杂一些。当一种波(例如纵波)入射到固体界面时，不仅波方向发生变化且波型也发生变化，分离为反射纵波、反射横波、折射纵波和折射横波。各类波的传播方向(即反射角与折射角)各不相同。

事实上，当声波在一种介质中传播时，有时会遇到第二种介质的薄层，如水泥环裂缝就是这种情况。这种情况下，声波将产生多次反射与透射，情况要更复杂一些。

一般地，有：

（1）裂隙越细，透射率越大，反射率越小。

（2）裂隙充满空气时的透射率比充满水时小得多。

（3）声频率越高，反向率越大。

为了发现水泥环中的裂缝就需要提高反射率，这就希望以较高频率的超声波进行检测。

同理可得第二界面胶结好时的各参数公式如下：

声压反射率：

$$R' = \frac{Z_3 - Z_2}{Z_3 + Z_2} \tag{2.8}$$

声强反射系数：

$$\sigma' = \frac{(Z_3 - Z_2)^2}{(Z_2 + Z_3)^2} \tag{2.9}$$

声压透射率：

$$D' = \frac{2Z_3}{Z_3 + Z_2} \tag{2.10}$$

声强透射系数：

$$\beta' = \frac{4Z_3 Z_2}{(Z_2 + Z_3)^2} \tag{2.11}$$

模型 B：第一界面胶结质量不好。

当第一界面胶结不好时，即套管与水泥环并未"紧密接触"，在套管与水泥环之间存在另外一个介质（第三介质），声波水泥胶结测井时，测得的 CBL 幅度曲线反映的是套管与第三介质界面的能量分配关系。当第一界面胶结不好：油、气、水窜时，第三介质反映为油、气、水；当套管与水泥环间存在钻井液、隔离液或滤饼等时，第三介质则反映为钻井液、隔离液或滤饼等固液混浆。其直观图示如图 2.2 所示。

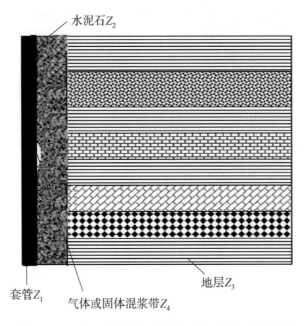

图 2.2　一界面有窜槽或胶结不好时井下示意图

第一界面窜槽或胶结不好时，套管与水泥之间存在一个气体或固液混浆带，其声阻抗为 $Z_4$。此时，式(2.4)~式(2.7)中的 $Z_2$ 变成 $Z_4$。即：

声压反射率：

$$R_1 = \frac{Z_4 - Z_1}{Z_4 + Z_1} \qquad (2.12)$$

声强反射系数：

$$\sigma_1 = \frac{(Z_4 - Z_1)^2}{(Z_4 + Z_1)^2} \qquad (2.13)$$

声压透射率：

$$D_1 = \frac{2Z_4}{Z_4 + Z_1} \qquad (2.14)$$

声强透射系数：

$$\beta_1 = \frac{4Z_1 Z_4}{(Z_4 + Z_1)^2} \qquad (2.15)$$

模型 C：第二界面胶结质量不好。

当第二界面胶结质量较差时，与前面对第一界面胶结不好的分析类似，水泥环与地层之间存在第三介质，第三介质一般反映为气体、液体或固液混浆。直观图示如图2.3所示。

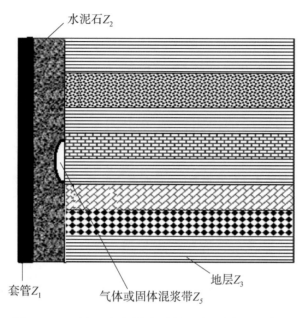

图 2.3　二界面有窜槽或胶结不好时井下示意图

第二界面窜槽或胶结不好时，水泥环与地层之间存在一个气体或固液混浆带，其声阻抗为 $Z_5$。此时，式(2.8)~式(2.11)中的 $Z_3$ 变成 $Z_5$。即：

声压反射率：

$$R'_1 = \frac{Z_5 - Z_2}{Z_5 + Z_2} \tag{2.16}$$

声强反射系数：

$$\sigma'_1 = \frac{(Z_5 - Z_2)^2}{(Z_5 + Z_2)^2} \tag{2.17}$$

声压透射率：

$$D'_1 = \frac{2Z_5}{Z_5 + Z_2} \tag{2.18}$$

声强透射系数：

$$\beta'_1 = \frac{4Z_5Z_2}{(Z_2+Z_5)^2} \qquad\qquad (2.19)$$

如图 2.1、图 2.2、图 2.3 所示，套管、水泥环、地层及一界面窜槽带或胶结不好带、二界面窜槽带或胶结不好带的声阻抗值分别为 $Z_1$、$Z_2$、$Z_3$、$Z_4$、$Z_5$。窜槽带或胶结不好的区域一般为气体、液体或固液混浆带。

从表 $2.3^{[16]}$ 可以得出这四个声阻抗值大小顺序为 $Z_1 > (Z_3$、$Z_2) > (Z_4$、$Z_5)$。套管声阻抗最大，水泥环与地层其次，声阻抗值最小的是窜槽带，即第三介质。而水泥环与地层的声阻抗值大小关系是随着地层岩性的变化而变化的。

表 2.3　常见物质(固井时井下介质)的声学参数

| 物　质 | 密度($g/cm^3$) | 声速(km/s) | 声阻抗($10^6 kg/m^2 \cdot s$) |
|---|---|---|---|
| 空气 | 0.0013~0.13 | 0.33 | 0.0004~0.04 |
| 淡/盐水 | 1 | 1.5 | 1.5 |
| 钻井液 | 1~2 | 1.3~1.8 | 1.5~3 |
| 水泥浆 | 1~2 | 1.5~1.8 | 1.8~3 |
| 水泥/G 级 | 1.9 | 2.7~3.7 | 5.0~7.0 |
| 泥　岩 | 2.55 | 1.83~3.962 | 4.7~10.1 |
| 砂　岩 | 2.65 | 5.5 | 14.6 |
| 石灰岩 | 2.71 | 6.4~7.0 | 12~16.6 |
| 钢 | 7.89 | 5.9 | 46 |

## 2.2.2　第一界面解释标准的理论分析

由模型 A 与模型 B，可以做出以下分析：

一界面胶结好时的反射能量与胶结不好时的反射能量的差值为：

$$\sigma - \sigma_1 = \frac{4(Z_1Z_2Z_4 - Z_1^3)(Z_2 - Z_4)}{(Z_4+Z_1)^2(Z_2+Z_1)^2} \qquad\qquad (2.20)$$

一界面胶结好时的透射能量与胶结不好时的透射能量的差值为：

$$\beta - \beta_1 = \frac{4Z_1(Z_2Z_4 - Z_1^2)(Z_4 - Z_2)}{(Z_4+Z_1)^2(Z_2+Z_1)^2} \qquad\qquad (2.21)$$

由于 $Z_1 > Z_2 > Z_4$，因此 $\sigma - \sigma_1 < 0$ 而 $\beta - \beta_1 > 0$，即第一界面胶结好时，反射能量比胶结不好时的反射能量要小，透射能量比胶结不好时的透射能量要大。换言之，胶结好时，能量大部分进入水泥环，较少折回到声波接收器。

套管外壁与水泥胶结越好，声波能量从套管越过界面向水泥传递时，套管波能量越小；反之套管中的声波能量就越大；若没有水泥，套管中的声波能量就可达到最大值。在胶结完好的井段，呈现幅值很低的平滑曲线，胶结较差的井段会出现较大的异常。声波幅度测井(CBL)测量的就是沿套管传播的滑行波的首波幅度值(其与能量成正比)。

套管波首波幅度的大小取决于套管与水泥环之间有无第三介质及第三介质的声阻抗大小。当第三介质为气体时，由于其声阻抗与套管声阻抗相差太大，而使得返回的能量比第三介质为油、水、钻井液时返回的能量要大得多。这就是为什么在微环隙为气体充满时现场解释尤其困难的原因。

这样，就可以从理论上解释为什么 CBL 幅度值较低(套管波较弱)时第一界面的胶结质量显示为好。

### 2.2.3 第二界面解释标准的理论分析

与上节对第一界面解释标准的理论分析同理，由模型 A 与模型 C，首先做出以下分析：

二界面胶结好时的反射能量与胶结不好时的反射能量的差值为：

$$\sigma' - \sigma'_1 = \frac{4(Z_2 Z_3 Z_5 - Z_2^3)(Z_3 - Z_5)}{(Z_5 + Z_2)^2 (Z_3 + Z_2)^2} \tag{2.22}$$

二界面胶结好时的透射能量与胶结不好时的透射能量的差值为：

$$\beta' - \beta'_1 = \frac{4Z_2(Z_3 Z_5 - Z_2^2)(Z_5 - Z_3)}{(Z_5 + Z_2)^2 (Z_2 + Z_3)^2} \tag{2.23}$$

由 $Z_1 > (Z_3 、 Z_2) > (Z_4 、 Z_5)$，推导不出两个差值的正负号，需引入声耦合率的讨论来探讨第二界面解释标准。

声耦合率公式定义为：

$$M = \frac{Z_{\text{入射介质}}}{Z_{\text{透射介质}}} \tag{2.24}$$

实践证明 $M$ 越接近于 1(即两种介质声阻抗值越接近),声波越容易由入射介质传入透射介质,入射介质中声波能量就越小,反之入射介质中声波能量就越大。

为讨论方便,本书引入耦合度 $Y$ 的概念,将入射介质与透射介质的声阻抗差的绝对值定义为耦合度 $Y$:

$$Y = \left| Z_{入射介质} - Z_{透射介质} \right| \tag{2.25}$$

即 $Y$ 越小,两个介质的耦合度越好,声波能量越容易由入射介质传入透射介质,回到入射介质中的能量就越小。

第二界面胶结较好时,水泥环与地层之间的声耦合率为:

$$M_1 = \frac{Z_2}{Z_3} \tag{2.26}$$

第二界面胶结不好时,水泥环与地层之间的声耦合率为:

$$M_2 = \frac{Z_2}{Z_5} \tag{2.27}$$

由 $Z_1 > (Z_3、Z_2) > (Z_4、Z_5)$,可得出 $M_2 > 1$。其耦合度分别为:

$$Y_1 = \left| Z_2 - Z_3 \right| \tag{2.28}$$

$$Y_2 = \left| Z_2 - Z_5 \right| \tag{2.29}$$

由表 2.3 数据可知:

(1)当水泥环与地层间存在第三种介质(第二界面胶结不好时),且这种介质为气体时,$Z_5$ 的值为 $(0.0004 \sim 0.04) \times 10^6 kg/m^2 \cdot s$;当这种介质为固液混浆时,$Z_5$ 的值为 $(1.5 \sim 3) \times 10^6 kg/m^2 \cdot s$。

(2)水泥环 $Z_2$ 的声阻抗值为 $(1.8 \sim 7) \times 10^6 kg/m^2 \cdot s$。

(3)当地层岩性为泥岩时,地层声阻抗值 $Z_3$ 为 $(4.7 \sim 10.1) \times 10^6 kg/m^2 \cdot s$;当地层岩性为砂岩时,地层声阻抗值 $Z_3$ 为 $14.6 \times 10^6 kg/m^2 \cdot s$;当地层岩性为石灰岩时,地层声阻抗值 $Z_3$ 为 $(12 \sim 16.6) \times 10^6 kg/m^2 \cdot s$。

下面分情况对耦合度 $Y_1$ 与 $Y_2$ 进行分析。

(1)当地层岩性为泥岩时。

$Y_1$ 的值为 $(0 \sim 8.3) \times 10^6 \mathrm{kg/m^2 \cdot s}$，第二界面胶结状况差时：

① 窜槽带为气体时，$Y_2$ 值为 $(1.76 \sim 6.9996) \times 10^6 \mathrm{kg/m^2 \cdot s}$。

② 窜槽带为固液混浆时，$Y_2$ 值为 $(0 \sim 5.5) \times 10^6 \mathrm{kg/m^2 \cdot s}$。

③ 从 $Y_1$ 与 $Y_2$ 的值的比较可以看出，这两个值大小关系并不明了。下面分三种情况进行讨论。

当 $Y_1$ 与 $Y_2$ 相等的时候，水泥环与地层间存在的第三介质无论是气体还是固液混浆带，或者水泥环与地层间胶结很好的情况下，其在 VDL 图像上地层波的强弱显示是相同的。

当 $Y_1$ 大于 $Y_2$ 时，也即与地层的声阻抗 $Z_3$ 相比，水泥环的声阻抗 $Z_2$ 更接近于第三介质的声阻抗值 $Z_5$，此时，水泥环与地层间胶结较好时，VDL 图像上返回的地层波能量会比胶结不好时返回的能量要强。

当 $Y_1$ 小于 $Y_2$ 时，即与第三介质的声阻抗值 $Z_5$ 相比，水泥环的声阻抗 $Z_2$ 更接近于地层的声阻抗值 $Z_3$，此时，水泥环与地层间胶结较好时，VDL 图像上显示的返回波能量会比胶结不好时返回的能量要弱，这样常常造成 VDL 图像解释的误判。即，胶结不好时，返回的地层波能量强，而胶结好时返回地层波的能量要弱，这与 VDL 图像解释的现行标准正好相反。

（2）当地层岩性为砂岩时。

$Y_1$ 的值为 $(7.6 \sim 12.8) \times 10^6 \mathrm{kg/m^2 \cdot s}$，第二界面胶结状况差时：

① 窜槽带为气体时，$Y_2$ 的值为 $(1.76 \sim 6.9996) \times 10^6 \mathrm{kg/m^2 \cdot s}$。

② 窜槽带为固液混浆时，$Y_2$ 的值为 $(0 \sim 5.5) \times 10^6 \mathrm{kg/m^2 \cdot s}$。

从上面两种情况可以看出，当地层岩性为砂岩时，$Y_1$ 是恒大于 $Y_2$ 的，即，水泥环与地层间胶结较好时，VDL 图像上返回的地层波能量会比胶结不好时返回的能量要强。

（3）当地层岩性为石灰岩时。

$Y_1$ 的值为 $(5 \sim 11.6) \times 10^6 \mathrm{kg/m^2 \cdot s}$，第二界面胶结状况差时：

① 窜槽带为气体时，$Y_2$ 的值为 $(1.76 \sim 6.9996) \times 10^6 \mathrm{kg/m^2 \cdot s}$。

② 窜槽带为固液混浆时，$Y_2$ 的值为 $(0 \sim 5.5) \times 10^6 \mathrm{kg/m^2 \cdot s}$。

当地层岩性为石灰岩时，可以看出，$Y_1$ 基本上是大于 $Y_2$ 的，但两者在小范围内还是有可能相等甚至 $Y_1$ 小于 $Y_2$。对两个值大小的分析可以参考 A 地层岩性为泥岩时的分析。值得一提的是，当井下一定深度时，石灰岩由于受到高温高压或压实作用的影响，其声阻抗值是偏大的。一般地，在地层岩性为石灰岩时，对 VDL 的解释标准应该还是依照现有解释标准来执行，即地层波较强时，第二界面的胶结状况较好。

固井质量评价主要针对第一界面与第二界面的胶结情况进行解释。VDL 测井时，声波必须经由第一界面传到第二界面，因而对第一界面固井质量准确、合理、客观地评价是进行第二界面固井质量评价的基础，即对 CBL 曲线进行综合解释是至关重要的。从本章对水泥胶结测井的声波机理分析可知，水泥环声阻抗是影响第一界面固井质量评价的本质因素之一，对第二界面的固井质量评价也依赖于水泥环声阻抗与地层岩性声阻抗的相对大小。

因此，对水泥环声阻抗进行系统性研究非常有必要。本书正是基于此对多组分水泥声学特性开展相关研究的。要对多组分水泥声学特性进行系统性研究，首先必须对其影响因素进行认知。

## 2.3 影响多组分水泥声阻抗的因素分析

影响水泥环声学特性的因素众多，水泥环的形成总有一个过程，因此，可以根据水泥环形成过程这一逻辑思路对影响多组分水泥声阻抗的因素进行认知。

水泥环的形成过程必须经过这样的过程：下套管→通过套管向井下注入冲洗液与隔离液(有时只注入冲洗液)→注入设计水泥浆→候凝，形成悬挂套管、封隔地层的水泥环。具体分析如下：

(1) 在水泥浆注入之前，先注入前置液(冲洗液与隔离液或两者单独使用)，因此，水泥浆注入后，必然形成水泥浆与前置液的混浆段。混浆的物化特性与水泥浆或前置液的物化特性均不一样，因此，随着时间的推移，混浆段与纯水泥段的特性必然发生差异变化，从而形成水泥环在井下随深度变化其密度的不一致，最终导致水泥环声阻抗的不一致。

(2) 现场注入水泥浆时，由于人为误差或仪器误差，现场水泥浆制备时水灰比不可避免地会出现大小波动。当现场水灰比大于设计水灰比时，注入井下的水泥浆必然存在被水稀释后稳定性变差的情况。稳定性变差即水泥浆存在沉降现象，水泥浆中较重的成分沉降下去，上部游离液增多，严重时不能封隔目的层，同时，水泥环的声阻抗在不同层段也必然形成差异。

(3) 注入水泥浆后，水泥浆要凝固继而形成可以封隔油气层的水泥环。不同水泥浆在候凝过程中，由于所采用不同混合材质自身物化特性不一样，以及井下温度、时间的变化，不同水泥浆形成水泥环的物理化学过程均不一样，并最终导致水泥环形成后其声阻抗的差异。

由此，基于对水泥环形成过程的分析，可知：影响多组分水泥声学特性的因素包括水泥浆设计稳定性、水泥浆与钻井液或隔离液混浆、混合材质、温度、时间等。

水泥环形成后，需要对注水泥质量进行检查，即进行水泥胶结测井。生产实际中，CBL/VDL 测井的仪器频率在 10~20kHz 之间。已有资料表明[6,50]，频率较小的 CBL 仪器测得的声幅值大。可见声波水泥胶结测井结果随声波测井仪器探头频率的不同而变化，在解释时，若不对此变化规律进行认知，在对测井结果进行固井质量解释时可能会引起误判。探头频率变化时，水泥环声阻抗也将发生变化。因此，声波探头频率也是影响多组分水泥声学特性的一个重要因素。

综上所述，影响水泥环声阻抗的因素包括声波探头频率、水泥浆设计稳定性、水泥浆与钻井液或隔离液不同比例混浆、混合材质、温度、时间等六大因素。其中，测井声波探头频率属于仪器客观因素，水泥浆设计稳定性、混浆、混合材质属于人为主观因素，温度与时间属于井下环境因素。

## 2.4　本章小结

对第一界面固井质量准确、合理、客观地评价是进行第二界面固井质量评价的基础。多组分水泥声阻抗特性是影响 CBL 声幅度的本质因素之一，水泥环状况是固井工程的主要对象和最关心的问题，因而对多组分水泥声阻抗特性的系统性研究至关重要，这是研究的出发点。

对 CBL/VDL 测井进行声波机理分析后可得出以下结论：

（1）水泥环的声阻抗值与 CBL 幅度值成反比。

（2）通过耦合率引入耦合度的概念，分析了第二界面胶结好与胶结不好时的情况，认为：VDL 资料解释时，在胶结较好时地层波回到接收器的强弱评判必须结合地层岩性及其声阻抗的分析来解释。例如当地层岩性为泥岩或石灰岩时，地层波强有可能表示的是胶结差。不同岩性的地层在井下不同层段、不同压力及不同温度下其声学特性的掌握对固井二界面胶结质量评价有时是非常重要的。

通过对水泥环形成过程以及测井探头频率的分析，将影响水泥环声阻抗的因素归纳为仪器客观因素：声波探头频率，人为主观因素；水泥浆设计稳定性、混浆、混合材质，井下环境因素；温度、时间。

本书后续章节将分别通过实验来重点研究这些因素如何影响水泥环声阻抗，为工程测井与固井工程应用提供科学的实验室数据支持。本书将温度、时间对水泥石声阻抗特性的影响纳入混合材质对水泥石声阻抗特性的影响中进行讨论。

# 第3章　声波频率对水泥石声学测定的影响

水泥环声阻抗定义为水泥环密度与声速度的乘积，水泥环密度可用钻井液密度计直接测得，对水泥环声学的测试必须用到声学实验装置。

## 3.1　声学实验装置

本书实验采用西南石油大学自制的"多频率探头测试声学参数设备"与 CTS-25 非金属超声波检测仪测定水泥石的声学特性。实验中，水泥浆配制均按 API 规范进行操作，对水泥石的声学测试参考 JG/T 5004—1992《混凝土超声波检测仪》。

### 3.1.1　声学测试原理

超声仪是超声检测的基本装置[124,27]，其作用是产生重复的电脉冲去激励发射换能器。发射换能器发射的超声波经耦合进入被测试件，在试件中传播后为接收换能器所接收并转换成电信号，电信号被送到超声仪，经放大后显示在示波屏上。

声学实验利用超声波透视的原理进行测试，原理如图 3.1 所示。

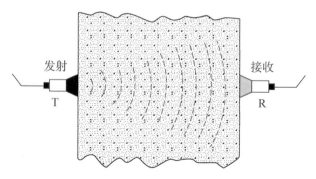

图 3.1　超声波测试仪器原理图

目前在超声仪所常用的声学参数为声速、振幅、频率、波形以及衰减系数。声速即超声波在混凝土中传播的速度。它是混凝土超声检测中一个主要参数。混凝土的声速与混凝土的弹性性质有关，也与混凝土内部结构(孔隙、材料组成)有关。不同组成的混凝土，其声速各不相同。一般来说，弹性模量越高，内部越是致密，其声速也越高。而混凝土的强度也与它的弹性模量、孔隙率有密切关系。因此，对于同种材料与配合比的混凝土，强度越高，其声速也越高。若混凝土内部有缺陷(空洞、蜂窝体)，所测得的声速也将比无裂缝处声速有所降低。总之，混凝土声速值能反映混凝土的性能及其内部情况。

接收波振幅通常指首波，即第一个波前半周的幅值，接收波的振幅与接收换能器处被测介质超声声压成正比，所以接收波振幅值反映了接收到的声波的强弱。在发射出的超声波强度一定的情况下，振幅值的大小反映了超声波在混凝土中衰减的情况。而超声波的衰减情况又反映了混凝土黏塑性能。混凝土是弹—黏—塑性体，其强度不仅和弹性性能有关，也和其黏塑性能有关，因此，衰减大小，即振幅高低也能在一定程度上反映混凝土的强度。

由于振幅值的大小还取决于仪器设备性能、所处的状态、耦合状态以及测距的大小，所以很难有统一的度量标准，目前只是作为同条件(同一仪器、同一状态、同一测距)下相对比较用。

和振幅一样，接收波主频率的绝对值大小不仅取决于被测材料的性质的内部情况，也和所用仪器设备、传播距离有关，目前只能用于同条件下的相对比较用。

用声波穿透法测试试样声波时差时，超声波仪器在测试过程中，对发射探头与接收探头加不同的压力，所测试出的声学数据是不一样的。因此，在对试样进行超声波测试时，数据要具有对比性与重复性，必须对试样两端的探头加同样大小的压力[125]。

## 3.1.2 多频率探头测试声学参数设备

多频率探头测试声学参数设备，如图 3.2 所示。多频率探头测试声学参数设备实际上就是一个示波器与一个可以使声波探头对被测试样加压的声波探头夹持装置组合而成。

多频率探头测试声学参数设备测试水泥石声学特性的步骤：

(1) 将探头放入夹持器，接好探头线，并打开示波器，如图 3.2 所示；

(2) 水泥石两端抹上黄油作润滑剂，将水泥石夹在两个探头之间(图 3.3)，摇动手柄，使两探头之间加压到 1MPa(图 3.4)；

(3) 调节示波器，记录首波时差(图 3.5)。

图 3.2　多频率探头测试声学参数设备

图 3.3　探头中间夹持水泥石

图 3.4　压力表

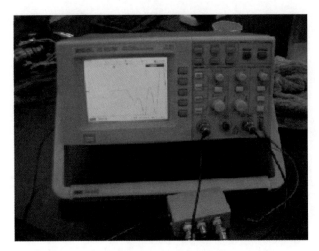

图 3.5　示波器

### 3.1.3　超声波检测仪

早期的超声波检测仪是电子管式，如英国制的 UCT 型超声仪、国产的 CTS-10 型超声仪。目前，国内已有多家厂家批量生产多种型号的晶体管、集成电路混合式或带有微机的超声波检测仪，如汕头超声电子仪器公司生产的 CTS-5 型、CTS-45 型，汕头超声仪器研究所生产的 CTS-35 型非金属超声检测仪，湘潭无线电厂生产的 SYC-2 型非金属超声测试仪，煤炭科学研究所生产的 2000A 超声仪。还有一些厂家生产便携式超声波检测仪，如英国西恩斯工资生产的庞迪超声仪、汕头超声电子仪器公司生产的 CTS-31 本安型非金属超声波检测仪。早期的超声波检测仪属于模拟式仪器，近 10 年来已发展成数字式仪器，如北京市康科瑞公司生产的 NM 型超声仪、武汉岩海公司生产的 RS 型超声仪、长沙白云仪器开发公司生产的 SY 型超声仪。这些仪器都采用高速 A/D 采样器将接收该采样，变为数字量进行存储、处理，仪器可以自动测量声时、振幅，并有较强的数据处理和分析功能。

CTS-25 非金属超声波检测仪是一种测抗压强度与探伤的超声仪，用于检测非金属。固井时需要检测的是水泥石，水泥石与混凝土性质很相像。

图 3.6 为 CTS-25 非金属超声波检测仪测量一长方体水泥石试模（4cm×4cm×16cm）声速，其操作步骤为：

（1）量出水泥石的厚度 $l$。

（2）连接好 CTS-25 非金属超声波检测仪、发射探头、被测水泥石、接收探头。被测水泥石与声波探头之间用黄油做耦合剂。

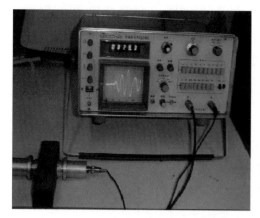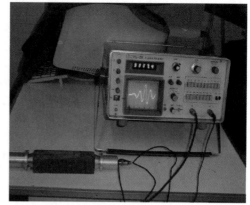

图 3.6　CTS-25 非金属超声波检测仪工作曲线图

（3）接通电源开关，在示波器上出现稳定的波形后，调节 CTS-25 非金属超声波检测仪的"手动标刻"旋钮，使示波器上的时标信号对准首波的起跳点，记下数码管显示的时间 $T$（单位为 μs）。

（4）撤去水泥石，将发射探头和接收探头直接对接（凡士林耦合），重复上述步骤，记下接收到的首波（从起跳点算起）时间 $T_0$。

（5）计算声速 $C_p$，声波在长度为 $l$ 的水泥石中传播所用时间为 $T-T_0$，则声速为 $C_p = \dfrac{l}{T-T_0}$。

（6）对长方体水泥石，要求在三个方向上进行测量，分别得出三个方向上的声速，计算各向异性 $m = (C_{p\max} - C_{p\min})/\overline{C}_p$（$\overline{C}_p$ 为三个方向上声速的平均值）。如果 $m$ 越趋向于零，说明水泥石趋近于各向同性，质地均匀，密度均匀。

## 3.2　声波频率的原理分析

对材料进行声学测试必须考虑探头频率。被测试材料不同，所选测试超声频率也不同。

材料晶粒粗大者应选用较低频率，缺陷小或距离近者应选较高频率。频率高，盲区小，分辨力好，但衰减较大。频率高时，波长短，声束窄，扩散角小，能量集中，分辨力好。此外，高频率超声波在材料中衰减大，穿透能力差。频率低时，波长长，声束宽，扩散角大，能量不集中，分辨力差，但扫查空间大。此外，低频超声波在材料中衰减小、穿远能力强[125,126]。

对于晶粒粗大、对超声散射较强烈的材料，频率高时，就会出现晶界引起的林状回波，致使查找首波困难。对于铸铁、非金属等声衰减强烈的材料，在混凝土工业超声探伤中常采用几十千赫的频率。

生产实际中，CBL/VDL 测井的仪器频率在 10~20kHz 之间。20kHz 是声波与超声波的一个临界频率。声波信号通过流体后的衰减与发射器的发射频率成正比。已有资料表明，频率较小的 CBL 仪器测得的声幅值大。既然频率变化的时候 CBL 测值也变化，那仪器频率不同时对应测出的水泥石声速也必然不同，即声波仪器频率是影响水泥石声阻抗特性的一个因素。

声波频率越高，超声波衰减越大（同一材料）；晶粒越粗，衰减越大（同一频率），同时易产生晶粒反射波。对于粗晶粒和其他组织不致密的材料，应采用较低频率。声波穿透材料的距离随着频率的升高而减小，因此，频率越高，越不容易穿透大尺寸材料。在材料尺寸较大时，必须采用较低频率。

## 3.3 声波频率不同时水泥石声学特性

为找出声波频率对水泥石声阻抗的影响，实验对比常规密度、漂珠低密度以及铁矿粉高密度三种水泥石的声阻抗在不同养护温度、养护时间随超声波检测仪探头频率改变时的变化情况，并利用微观电镜实验手段进行机理分析。

### 3.3.1 声学测试

表 3.1 为常规密度水泥浆配方，表 3.2 为漂珠低密度水泥浆配方，表 3.3 为铁矿粉高密度水泥浆配方。

表 3.1　常规密度水泥浆配方设计

| 编号 | 水泥 | HS-2A （%） | LT-2 （%） | SXY-2 （%） | 水灰比 | 密度 （g/cm³） | 养护温度 （℃） |
|---|---|---|---|---|---|---|---|
| 1 | 嘉华 G | 0.6 | 0 | 0.3 | 0.44 | 1.92 | 50、70、90 |

表 3.2　漂珠低密度水泥浆配方设计

| 编号 | 嘉华 G | PZ | WG | LT-2 （%） | SXY-2 （%） | 水灰比 | 密度 （g/cm³） | 温度 （℃） |
|---|---|---|---|---|---|---|---|---|
| 2 | 65 | 25 | 10 | 0.5 | 0.2 | 0.65 | 1.35 | 35、50、70 |

表 3.3　铁矿粉高密度水泥浆配方设计

| 编号 | 新疆 G 级水泥 | 硅粉 | 安县 I 型铁矿粉 | 新疆微硅（WG） | LANDY -807L （%） | LANDY -906L （%） | LANDY -19L （%） | 水灰比 | 密度（g/cm³） | 温度（℃） |
|---|---|---|---|---|---|---|---|---|---|---|
| 3 | 100 | 25 | 100 | 10 | 2.5 | 1.5 | 0.02 | 0.25 | 2.38 | 50、70、90 |

图 3.7~图 3.12 显示了三种不同密度水泥石声阻抗在 25kHz、50kHz 以及 100kHz 三种频率声波探头检测下随养护时间、养护温度（50℃与70℃）的变化情况。

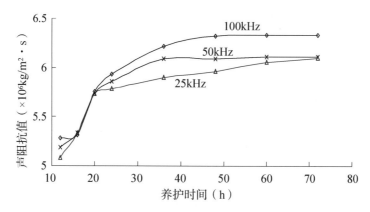

图 3.7　50℃时常规密度水泥石在不同频率下其声阻抗特性

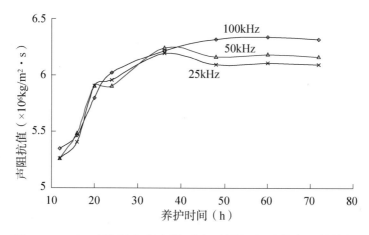

图 3.8　70℃时常规密度水泥石在不同频率下其声阻抗特性

从图 3.7~图 3.10 的曲线可以看出，常规密度与铁矿粉高密度水泥石在 50℃与 70℃的养护温度下，其声阻抗值是随着探头频率的升高而升高的，即当用实验设计的常规密度与铁矿粉高密度水泥浆配方固井时，如采用较高频率声波测井仪器测井时，由于其探测到的水泥环声阻抗较高，致使与水泥环声阻抗成反比的 CBL 幅度值较低。

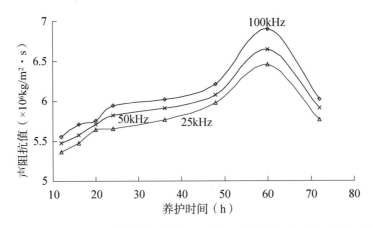

图3.9 50℃时铁矿粉高密度水泥石在不同频率下其声阻抗特性

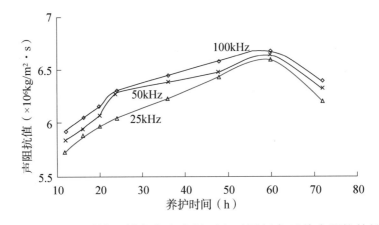

图3.10 70℃时铁矿粉高密度水泥石在不同频率下其声阻抗特性

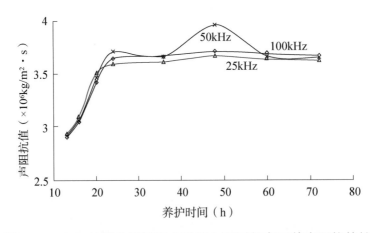

图3.11 50℃时漂珠低密度水泥石在不同频率下其声阻抗特性

图3.11、图3.12显示了漂珠低密度水泥石在50℃与70℃时在不同探头频率下所测得的声阻抗特性曲线。从图中曲线可知，其声阻抗值的变化和探头频率的变化关系与常规密度、铁矿粉高密度水泥石的变化关系是不一样的：

50kHz 的探头测得的声阻抗值较大，100kHz 探头测出的漂珠水泥石声阻抗值要小一些。

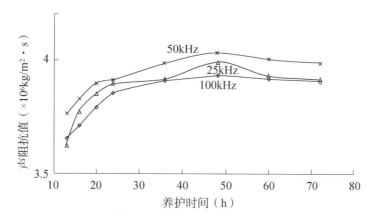

图 3.12　70℃时漂珠低密度水泥石在不同频率下其声阻抗特性

### 3.3.2　微观电镜分析

如前所述，声波频率在 50kHz 时测出的漂珠低密度水泥石声速值比声波频率为 100kHz 时测出的声速值大一些，这一点与实心混合材水泥石(常规密度水泥石与铁矿粉高密度水泥石)声速测值随声波频率变化的规律不一样。

分析其原因，可能是空心漂珠低密度水泥浆在搅拌过程中，一部分空心漂珠被搅碎，在养护过程中，空心漂珠水泥石形成密实与中空结构交织的不均匀的内部结构，见微观电镜图片图 3.13 与图 3.14。

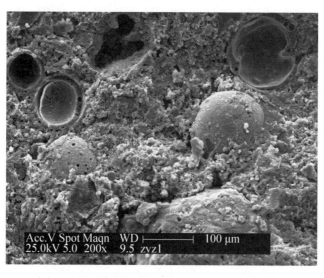

图 3.13　漂珠低密度水泥石 SEM(200 倍)

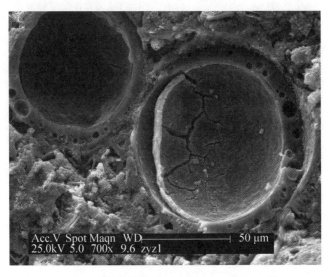

图 3.14　漂珠低密度水泥石 SEM(700 倍)

由于频率较高的声波的穿透能力有限，漂珠水泥石内部结构为很多中空的粗晶粒充满，频率较高的声波在穿透水泥石的过程中，发生多次的反射、折射，声波所经过的路程被加大，声波能量衰减较大，时差相应地增加，导致声速度降低。在高频段，当频率越高时，声波的这种效应越显著，即，频率越高，声速测值越小，相应地，在高频段，声阻抗值随频率的增加而相应降低。这就可以解释为什么用 100kHz 的探头测出的漂珠低密度水泥石的声阻抗值会比用 50kHz 的探头测出的声阻抗值要小。

空心混合材与实心混合材水泥石在不同频率的声波探头下所测得的声学数据不同，其声阻抗随养护时间、养护温度的变化规律有很大差别。因此，当测井声波频率发生变化，且不同的固井水泥浆体系的声阻抗特性规律在此声波频率下具有较大差异时，对此时的 CBL、VDL 测井结果进行不同的水泥石声阻抗校正就显得非常重要。

超声波测试是混凝土工业中对混凝土进行声学测试与"探伤"的成熟方法。测非金属声学特性的声学仪器频率，混凝土工业常用几十千赫兹。从利用三种频率探头测试不同密度水泥石的声阻抗特性可以看出，25kHz 与 50kHz 探头对实验用几种配方水泥石进行测试后结果表明 25kHz 与 50kHz 探头测得的数据规律性基本一致。考虑到水泥石模型为抗压强度圆模，其测试距离较小，为使测得的数据具有更高精确性，在后续测试多组分水泥的声学特性实验中，采用的超声波测试探头频率均选择 50kHz。因为频率较高时，分辨力较好，在混凝土工业进行超声波测试时，距离近者均尽可能选用较高频率测试。

## 3.4 本章小结

声波频率发生变化时，水泥石的声阻抗特性也发生着较大变化，且其变化的规律随着水泥石的混合材质(空心、实心)、密度、养护温度和养护时间的不同而不同。

声波频率改变时，对物质的穿透距离以及接收信号的强弱都有着不同的变化。常规密度与铁矿粉高密度水泥石声阻抗值随探头频率的升高而升高，空心漂珠低密度水泥石在高频时声速测值反而降低，这是由于空心漂珠自身微观结构特性所导致的。

声波水泥胶结测井时，必须对不同频率的声波测井仪器进行频率校正。

# 第4章　多组分水泥浆体系稳定性
# 对其声学特性的影响

在油气井注水泥中，当水泥浆上返至井壁和套管环空的设计位置时，质量较大的水泥颗粒在水泥浆柱中由于其重力作用会沉降到水泥浆底部，就会出现颗粒聚集和桥塞的倾向，特别在套管不居中的窄边和接头位置。这样一来，在桥塞下面的任何位置，都有生成不含水泥颗粒的水槽和水带的可能性。同时，这些析出的自由水或含少许细颗粒水泥的"自由液"，就开始聚积在水泥浆柱的任何位置，而产生自由液槽或自由液带。固化后形成不连续的水泥石柱。由于这种水泥柱的整体性差，加压时极易破碎[1]。

在 API 规范中，对 G 级和 H 级水泥规定占体积 1.4%（或 3.5mL）作为最大允许的游离水含量。然而，即使这个量仍是有害的，除造成水槽和水带之外，自由水囊也妨碍水泥对套管和地层的胶结，也使固化后的水泥石柱密度造成偏差。另外．自由水还能造成水泥浆的过早胶凝，对油气层产生较低的静压，而使气体窜入水泥浆柱[12]。

就水平井和大斜度井而言，稳定的水泥浆具有良好的顶替效率，这可以减少一次注水泥过程中，由于水泥浆绕流钻井液而产生窜槽，注水泥后，在水泥浆仍处于液态时，因静止而产生的过量液体是以游离液的形式析出的，这对大斜度井和水平井特别有害。它们沿着环空高边聚集，形成低密度液体连通，而在低边又会形成松散的水泥颗粒沉积，照样不与井壁胶结，引起层间窜流和气体运移。因此，减少或消除游离水和水泥颗粒沉降，就可以增加水平井的整体性和长期稳定性，有助于延长油气井寿命。稳定性是水泥浆重要性能指标之一。稳定件较差的水泥浆所形成的水泥柱其致密程度从上到下非常不均匀。在大斜度井及水平井中，这种水泥石的不均匀性表现尤为突出，从井眼下侧到上侧，水泥石的致密程度及胶结强度在不断减弱，这对水泥环的封固质量有着不良的影响。稳定性差的水泥浆，一般游离液都较大，这同样会在水泥柱中形成油、气、水窜的通道，影响水泥环的封固质量[18]。

因此，必须要精心设计水泥浆配方，特别是用于生产层、测试层、水平井、大斜度井和高压气井的水泥浆配方，一定要保证水泥浆的稳定性，严禁过量的游离水产生。对于还有加重剂的水泥浆，更要慎重。

在固井施工现场，干混好的水泥与水按一定比例混合，然后注入井下，在此过程中，由于人为误差与仪器误差，水与干混好的水泥并非完全按照预先设定好的比例进行混合，其密度值在不停地发生波动，有时稍微高于设计密度，有时稍微低于设计密度。高于设计密度时，即"即时水灰比"(此时实际的水灰比)低于标准设计水灰比，在其注入井下后，封固的地层压力较低时，可能引起压裂地层，破坏油、气、水通道；低于设计密度时，即"即时水灰比"高于标准设计水灰比，此时可能导致水泥浆的不稳定，游离液较多。因此，当现场固井时，"即时水灰比"不可过分高于标准设计水灰比，也不可过分低于标准设计水灰比。

当设计水泥浆的稳定性较好时，"即时水灰比"低于设计水灰比时，一般水泥浆体系的稳定性是不存在什么问题的。但在"即时水灰比"高于设计水灰比时，则可能引起水泥浆沉降现象。那么，水泥浆在发生沉降时，声波水泥胶结测井相应会发生什么样的变化，其对井下实际固井质量的判断是否有影响，怎样影响？

# 4.1 原理分析

水泥浆发生沉降后，水泥浆中较重的成分会沉淀到低部，较轻的成分则上浮到上层。水泥浆凝固之后，不同段水泥环的声速值因为水泥环内在物质的沉降而变化，其密度也因为沉降而变得并不一致。

物质的声速与密度的乘积定义为物质的声阻抗。因此，不稳定水泥环的声阻抗随着声速与密度在不同深度段的变化而随之出现差异。水泥环声阻抗发生变化，则声波水泥胶结测井结果随之发生变化。

水泥环的声阻抗值越高，则 CBL 幅度值越小，声波变密度图中套管波越弱或看不到显示；反之，其声阻抗越低，CBL 幅度值越大，声波变密度图中套管波越强。根据这一原理，可以对不稳定水泥环进行以下的原理分析：在水泥环声阻抗较大的一段(沉降到底部)，CBL 幅度出现低值，套管波较弱；在水泥环声阻抗较小的一段，CBL 幅度出现高值，套管波较强。在沉降的底部，由于其 CBL 幅值低及套管波较弱，而往往判断固井质量较好，而实际上，由于水泥浆沉降稳定性不好，其实际固井质量存在很大问题。

水泥浆中较重的成分一般为铁矿粉等加重剂(高密度水泥浆)、水泥等(低密度水泥浆)；水泥浆中较轻的成分一般为水泥和硅粉等(高密度水泥浆)、漂珠和硅藻土等减轻剂(低密度水泥浆)。对常规密度水泥浆来讲，体系不稳定时，会有较多的游离液存在。

## 4.2　水泥石稳定性超声波测试

对应于漂珠低密度、铁矿粉高密度水泥浆体系较稳定配方，将其水灰比加大，造成水泥浆沉降稳定性不好的现象，其配方为对应不稳定配方。稳定配方与不稳定配方及测得的各项数据见表4.1～表4.4。数据是在常温常压下养护后测得的数据，其尺寸为10cm×5cm×5cm，样品平行样为3个，均为一次配浆后养护的模子，试验方法如图4.1所示，不稳定水泥石由于沉降，上段与下段密度不一样，内部结构和成分与稳定配方上下段是不一样的，其上下段声速测值也必然存在一定差别。

图 4.1　水泥浆稳定性测试

表4.1与表4.3中，配方1、3、5均是稳定性很好的配方；配方2、4、6在配方1、3、5的基础上增加了水灰比，造成了沉降，即不稳定的现象。

**表 4.1　低密度水泥浆稳定性实验配方**

| 配方 | G 级水泥 | 漂珠 | 微硅 | 降失水剂<br>（%） | 分散剂<br>（%） | 水灰比 | 密度<br>（g/cm³） |
|------|---------|------|------|---------|--------|--------|------------------|
| 1 | 80 | 15 | 5 | 1 | 0.3 | 0.50 | 1.55 |
| 2 | 80 | 15 | 5 | 1 | 0.3 | 0.70 | 1.40 |

表 4.2　低密度水泥浆稳定性实验测试数据

| 配方 | 声速（24h）（m/s） | | 声阻抗（24h）（×10⁶kg/m²·s） | |
|---|---|---|---|---|
| | 上段 | 下段 | 上段 | 下段 |
| 1 | 2392 | 2403 | 3.71 | 3.72 |
| 2 | 1689 | 1945 | 2.38 | 2.74 |

从表 4.1、表 4.2 数据可以看出：

（1）稳定的低密度水泥浆体系在将水灰比加大后，密度显著降低。

（2）稳定配方的漂珠低密度水泥浆体系在常温常压下养护 24h，声速测值上下段差异 11m/s，声阻抗差异仅为 $0.01×10^6kg/m^2·s$，说明稳定配方的低密度水泥石内部比较均匀；而不稳定配方 2 上下段声速测值差异为 256m/s，声阻抗差异为 $0.36×10^6kg/m^2·s$，这是由于漂珠向上漂浮，在上段形成漂珠较多，而在下段水泥相较多所引起的。

表 4.3 与表 4.4 中常规密度配方 3 加大水灰比成配方 4 后，在养护到 48h时，体积有收缩现象，表明常规密度水泥石配方加大水灰比后会存在许多的游离液，在凝固时，游离液积到上段，而造成体积的收缩现象。

表 4.3　常规密度与高密度水泥浆稳定性实验配方

| 配方 | 新疆G级水泥 | 硅粉 | 加重剂 | 新疆WG级水泥 | 1号降失水剂（%） | 2号降失水剂（%） | 1号分散剂（%） | 2号降失水剂（%） | 水灰比 | 密度（g/cm³） |
|---|---|---|---|---|---|---|---|---|---|---|
| 3 | 100 | — | — | — | — | 1 | 0.3 | — | 0.44 | 1.90 |
| 4 | 100 | — | — | — | — | 1 | 0.3 | — | 0.6 | 1.76 |
| 5 | 100 | 35 | 100 | 5 | 2.5 | — | — | 1 | 0.29 | 2.24 |
| 6 | 100 | 35 | 100 | 5 | 2.5 | — | — | 1 | 0.45 | 2.00 |

表 4.4　常规密度与高密度水泥浆稳定性实验测试数据

| 配方 | 声速（48h）（m/s） | | 声阻抗（48h）（×10⁶kg/m²·s） | |
|---|---|---|---|---|
| | 上段 | 下段 | 上段 | 下段 |
| 3 | 2304 | 2315 | 4.38 | 4.40 |
| 4 | 1799 | 1923 | 3.17 | 3.38 |
| 5 | 2513 | 2525 | 5.63 | 5.66 |
| 6 | 1961 | 2165 | 3.92 | 4.33 |

从表 4.4 数据可以看到，常规密度水泥石与高密度水泥石的稳定配方 3、5 上下段所测得的声速值相差不大，分别为 11m/s 与 12m/s，其声阻抗值仅仅为 $0.02×10^6 kg/m^2 \cdot s$ 与 $0.03×10^6 kg/m^2 \cdot s$；而常规密度水泥石与高密度水泥石不稳定配方 4 与配方 6 上下段所测得声速差值分别为 124m/s 和 204m/s，其声阻抗差异分别为 $0.21×10^6 kg/m^2 \cdot s$ 与 $0.41×10^6 kg/m^2 \cdot s$。

从表 4.2 与表 4.4 的声速测值上可以看到：高、中、低密度稳定配方水泥石在养护一定时间之后，由于上下段不存在沉降现象，整个模子是很均匀而密实的，上下段的声速测值是很接近的，其上下段声阻抗值也是很接近的，声阻抗值相差几乎都保持在 $0.03×10^6 kg/m^2 \cdot s$ 以下。与之对应的，不稳定的高、中、低密度水泥石，由于其沉降分层，在重力的影响下，必然造成水泥浆中较重的成分(如水泥、铁矿粉)沉降到底部，空心漂珠等减轻剂的上浮，而使得下段致密程度比上段致密程度要大，这样必然造成水泥石上下段声学测值的差异，其上下段声阻抗值的差异也非常明显，声阻抗值差异大于 $0.21×10^6 kg/m^2 \cdot s$，高密度对应的不稳定配方声阻抗差异达到 $0.41×10^6 kg/m^2 \cdot s$，这种差异是不能被忽视的。

从表 4.4 中数据还可以看到，不稳定配方 6 下段的声阻抗值 $4.33×10^6 kg/m^2 \cdot s$ 与稳定配方 3 声阻抗值 $4.38×10^6 kg/m^2 \cdot s$ 与 $4.40×10^6 kg/m^2 \cdot s$ 接近。当用配方 3 固井时实际固井质量好时，其 CBL 曲线的首波幅度值会较低，测井评价结果会是优，但当用不稳定配方 6 固井时，由于其沉降严重，封隔不住目的层，其实际层间封隔质量一定是很差的，实际固井质量是一定不过关的。然而在声波水泥胶结测井时，可能存在一段水泥环，其声阻抗值与用配方 3 固井时的水泥环声阻抗值一致，假定在工程测井时间，不稳定配方水泥环与套管之间无微环隙，那么，配方 6 固井后的声波水泥胶结测井结果可能被判断为优。声波发射器发射到套管—水泥环或水泥环—地层界面时，由于不稳定配方水泥环与稳定配方水泥环在目的层中某一段其声阻抗值一致，那么声波接收器接收到的信号幅度也应该是差不多的。这样，就出现了误解释。这就是为什么现场固井服务队在固井施工时，在某段水泥注入井下时，该段水泥浆体系存在沉降导致实际固井质量差时，而声波水泥胶结测井解释结果却可能很好的原因。

## 4.3  本章小结

石油工程固井与测井有时会发生这种现象：在某些井，声波水泥胶结解释结果显示为优，表示水泥环层间封隔效果很好，而实际上，井内却发生油、气、水窜甚至井壁坍塌。通过本章对水泥浆体系稳定性的分析，对这种现象的合理解释其中之一便是水泥浆发生了沉降现象：其内部不均质。沉降到底部的较重水泥成分堆积在一起时，由于密度与声速测值都相应增大，导致对应深度段水泥环声阻抗值的增加，使得 CBL 声幅度较低，声波变密度曲线套管波能量较小。而事实上，由于沉降，水泥浆对目的层的封隔质量并不好：上部游离液较多常引起油、气、水窜；下部沉降部分密度较高，严重时，静液柱压力大于地层破裂压力，破坏油、气、水通道，导致实际固井质量较差。

# 第 5 章　混浆段声阻抗特性

常规水泥与钻井液很难相容，在接触时由于化学反应将产生胶凝现象而延长或缩短稠化时间，增加滤失量等，使顶替泵压升高，使套管环空内钻井液顶替不彻底，造成固井水泥浆污染，严重影响固井质量。遇油基钻井液还会形成不可泵的团块，为此，在注水泥之前，必须注入一定数量的前置液。

为提高固井质量，前置液的研究与使用显得越来越重要。前置液介于钻井液与水泥浆之间，分为冲洗液与隔离液。冲洗液和隔离液均属于在注水泥作业中，为了提高水泥浆顶替钻井液的效率，改善水泥胶结质量而使用的特殊液体。

在注水泥中，冲洗液和隔离液可同时使用，也可单独使用。若同时使用，其注液顺序是：冲洗液、隔离液、水泥浆。在不造成油气侵和垮塌的原则下，用量一般占环空高度 100~300m，其性能应该对钻井液和水泥浆无论在低温下或是加热后都有良好相容性，并能控制自身的滤失量，不腐蚀套管，而且对水泥浆的固相悬浮作用、胶凝强度、稠化时间、失水和抗压强度等无不良影响[1,12,18]。

隔离液是密度、黏度和静切力可以控制的一种液体，主要用于隔离和驱替钻井液，可分为黏性隔离液和紊流隔离液，以用于塞流顶替和紊流顶替；可单独使用，也可注入冲洗液之后，同时使用。

## 5.1　原理分析

在固井现场，无论是使用隔离液、冲洗液或两种同时使用，都存在与水泥浆的接触，在井下会形成一段水泥浆与隔离液或冲洗液的混浆段。水泥浆与前置液的混浆段由于不同比例地掺混，物化性能（流变特性、稳定性、凝固后强度性能及凝固特性等）均发生了不同程度地变化。

在只使用冲洗液的井眼，当水泥浆与冲洗液接触时，由于冲洗液一般是淡水加盐调配而成，甚至直接用清水进行冲洗（清水易于与钻井液、水泥浆相容），从物理意义上，相当于对水泥浆进行了稀释或一定程度增加了水灰比，此时，水泥浆与冲洗液的混浆段相当于不稳定水泥浆体系固井的情况。这种情况的 CBL 测井结果分析见第 4 章。

在固井施工中，冲洗液单独使用时，如果冲洗液对钻井液冲洗程度不够，造成水泥浆与钻井液的直接接触时，不可避免地就会在井下形成水泥浆与钻井液的混浆段。由于钻井液不凝固，与水泥浆掺混后必然会影响水泥浆的凝固特性，水泥浆的凝固时间必然增加。从而在常规测井时间（24h 或 48h）进行 CBL 测井，水泥浆与钻井液的混浆段由于在测井时间内凝固程度以及强度性能的差异，而使得 CBL 测井曲线发生相应的变化，如果在 CBL 解释时，不对这种情况进行认知会无法对固井质量评价解释提供证据支持。

在使用隔离液时，水泥浆与隔离液直接接触，形成隔离液与水泥浆的混浆段。混浆段的物化性能与水泥浆的物化性能必然存在差别。

使用隔离液时形成的混浆带与不使用隔离液时形成的混浆带（钻井液与水泥浆）的凝固特性、强度特性等影响着工程测井结果与实际固井质量。但在固井工程中，又不可避免地要产生混浆段。水泥环的声阻抗特性直接影响 CBL 曲线幅度，同理，在混浆段，使用隔离液与不使用隔离液的混浆段声学特性也将影响 CBL 曲线幅度。

因此，混浆段的声阻抗特性是影响 CBL 幅度值的一个重要因素。上述分析可以了解，固井施工形成的混浆段分为两种情况：一种是水泥浆与钻井液接触（只用冲洗液或不用前置液时）形成的混浆段；另一种是水泥浆与隔离液接触形成的混浆段。下面通过实验研究来分析这两种情况对工程测井结果的影响。

## 5.2 混浆段声学特性测试

根据前述原理，通过下列实验来进行分析：

（1）常规密度水泥浆与钻井液、GYW201 隔离液分别按 75∶25，50∶50，25∶75 三种体积比进行混配，得到混浆。

（2）分别测定混浆的初终凝时间、终凝后声学特性、强度特性。

### 5.2.1 水泥浆/钻井液混浆声学测试

表 5.1 是常规密度水泥浆与钻井液按不同体积比混合后测得的数据，实验

所用钻井液为四川龙岗某井现场水基钻井液,密度为1.25g/cm³。常规密度水泥浆配方为嘉华G级水泥+2%LT-2+0.6%SXY-2,水灰比为0.44,密度为1.90g/cm³。实验环境为常温常压。各实验平行样为3个,试模为一般抗压强度试件模具。

表5.1 水泥浆/钻井液混浆物理性能数据

| 编号 | 水泥浆:钻井液<br>(体积比) | 密度<br>(g/cm³) | 初凝/终凝<br>时间 | 抗压强度(MPa) | 声阻抗<br>(×10⁶kg/m²·s) |
|---|---|---|---|---|---|
| 1 | 75:25 | 1.71 | 23h/28h | 8.2/30h | 4.14 |
| 2 | 50:50 | 1.59 | 52h/75h | 2.5/76h | 2.67 |
| 3 | 25:75 | 1.39 | 24d/28d | —/28d | 1.86 |

注:① 水泥浆与钻井液体积比为25:75时,在常温常压下养护到终凝时,无强度;

② 声阻抗数据在测试强度之前对试块进行测试。

从表5.1数据可以看出:

(1)水泥浆与钻井液混配后,随着水泥浆体积的减少,钻井液的初终凝时间均呈现增加趋势。

(2)随着水泥浆体积的减少,在常温常压下,混浆在终凝后强度随之减少。

(3)随钻井液体积的增加,混浆声阻抗值减少。

### 5.2.2 水泥浆/隔离液混浆声学测试

表5.2是常规密度水泥浆与GYW201隔离液按不同体积比混合后测得的数据。GYW201隔离液配方为西南石油大学固井研究室研制的GYW201产品,设计密度为1.35g/cm³。实验环境为常温常压。各实验平行样为3个,试模为一般抗压强度试件模具。

表5.2 水泥浆/GYW201隔离液混浆物理性能数据

| 编号 | 水泥浆:GYW201隔离液<br>(体积比) | 密度<br>(g/cm³) | 初凝/终凝<br>时间 | 抗压强度<br>(MPa) | 声阻抗<br>(×10⁶kg/m²·s) |
|---|---|---|---|---|---|
| 1 | 75:25 | 1.78 | 17h/22h | 12.2/24h | 4.44 |
| 2 | 50:50 | 1.65 | 31h/46h | 7.5/48h | 3.01 |
| 3 | 25:75 | 1.50 | 11d/12d | 3.6/12d | 2.81 |

备注:声阻抗数据在测试强度之前对试块进行测试。

从表5.2数据可以看到，随着水泥浆体积量的减少(或随着钻井液体积量的增加)，水泥浆与GYW201隔离液混配后的初终凝时间呈增加趋势，强度与声阻抗呈减少趋势。这一规律与钻井液/水泥浆混浆特性相似。

比较水泥浆/钻井液混浆与水泥浆/GYW201隔离液混浆的物理特性数据(表5.1与表5.2)后，可以看到：

(1)以水泥浆体积量为基准，在相同比例下，水泥浆/钻井液混浆的初终凝时间均长于水泥浆/GYW201隔离液混浆的初终凝时间，且随着水泥浆体积量减少时，水泥浆/钻井液混浆与水泥浆/GYW201隔离液混浆的初终凝时间差异变大，在水泥浆体积只占四分之一时，水泥浆/钻井液混浆的初凝时间比水泥浆/GYW201隔离液混浆的初凝时间长了13d，终凝时间长了16d。

(2)在相同比例时，水泥浆/GYW201隔离液混浆的声阻抗数据均大于水泥浆/钻井液混浆，其抗压强度也大于水泥浆/钻井液混浆的抗压强度。

可以看到，无论常规密度水泥浆与钻井液或GYW201隔离液以什么样的体积比例混合，其混合后声阻抗数据、强度数据均与水泥浆体积含量成正比，而初终凝时间与水泥浆体积含量成反比。

在终凝时刻，水泥浆/钻井液混浆的声阻抗值在任一比例下都小于水泥浆/GYW201隔离液混浆，由于CBL声幅值与套管—地层之间水泥环的声阻抗成反比，因此，使用GYW201隔离液的混浆段整体上比不使用GYW201隔离液的混浆段声阻抗值要大，继而CBL测井后使用GYW201隔离液后在混浆段声幅曲线幅度值要小于不使用GYW201隔离液后的混浆段声幅曲线幅度值。

从水泥浆/钻井液混浆与水泥浆/GYW201隔离液混浆的初终凝时间数据可以看到，当不使用GYW201隔离液时，混浆段要较长时间完全凝固，在通常的经验测井时间(24~48h)内进行CBL测井时，混浆段有一段可能还没凝固，从而造成测井曲线的高值。其至在钻井液较多与水泥浆掺混的层段，要很长时间才凝固或不凝固，CBL测井曲线因此随着时间的推移而仍然发生着很大变化。

使用GYW201隔离液后，GYW201隔离液在体积加量较大的情况下呈现出良好的凝固特性，并具有一定强度。因此，只要测井时间选择合适，CBL测井结果对混浆层段的固井质量的反映将是比较准确的，但需要结合水泥浆/GYW201隔离液混浆段凝固后声阻抗与固井水泥在测井时间声阻抗对比以及自由套管段CBL声幅曲线值进行详细考察，力求在CBL上考虑水泥环各个层段由于各种情况导致的声阻抗变化引起的曲线幅度值变化。

可见，使用 GYW201 隔离液后，能得到更低的 CBL 测井曲线幅度值，能得到更好的声波测井解释。而且，使用 GYW201 后，使得混浆段凝固性能变好，有助于更大程度更好地封隔地层，能较大地提高固井质量。而事实上，GYW201 隔离液使用后，还能很好地起到隔离、顶替钻井液的作用，大大提高第一界面与第二界面的固井质量，因而具有很好的工程应用前景。

图 5.1 与图 5.2 分别是未使用任何隔离液与使用了 GYW201 隔离液的两口井固井后的声波水泥胶结测井图，均在 48h 测井。从图 5.1 和图 5.2 可以看出，未使用任何隔离液的 A 井固井后 CBL 曲线声幅较大，第一界面固井质量解释为中等，这是由于此层段水泥浆被钻井液污染后，在 48h 还未完全凝固，或其声阻抗值较低而引起 CBL 幅度较大。而使用了隔离液 GYW201 的 B 井测井曲线声幅非常小，第一界面固井质量解释为优，证明即使有少量隔离液 GYW201 残留而与水泥浆掺混，由于水泥浆与隔离液 GYW201 掺混后凝固性能、强度性能与声阻抗均能达到一定要求，因此，对固井质量及其评价的影响不大。说明使用隔离液 GYW201 后，的确能大大提高固井质量，且能得到较好的 CBL 曲线。

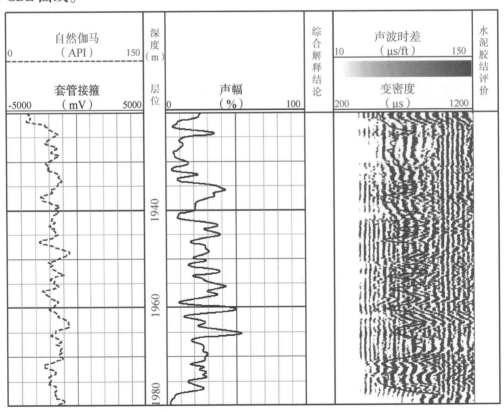

图 5.1　未使用隔离液的 A 井测井图

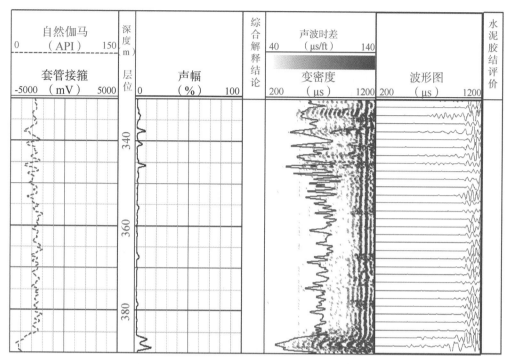

图 5.2　使用隔离液 GYW201 后 B 井测井图

# 5.3　孔隙度测试

对水泥石进行孔隙度测试可反映水泥石块内部孔隙多少，从而表现水泥石内部的致密程度。水泥石内部的孔隙较多时，即水泥石内部结构较为疏松，根据声学原理，测出的水泥石声速值较小，从而其声阻抗值较小；当水泥石内部孔隙较少时，即水泥石内部结构较为致密，根据声学原理，测出的水泥石声速值较大，从而其声阻抗值较大。

当水泥浆与钻井液混合后，其内部孔隙体积与相同条件下水泥浆与隔离液混浆段孔隙体积必然存在差异，导致两者声速测值不同。

## 5.3.1　测试方法

试样孔隙度是指试样孔隙体积与试样总体积之比，常用百分数表示。用液体静力称重法来测定水泥石试样孔隙度。基本原理：测定时先将试样开口孔隙中空气排除，充以液体(媒介液)，然后称量饱和液体的试样在空气中的重量。试样饱吸液体之前与饱吸液体之后，在空气中的二次称量差值，除以液体的密度即为试样孔隙所占体积[129]。具体计算公式如下：

$$\phi = \frac{M_2 - M_1}{\rho_{液体} \cdot V_{总}}$$

式中　$\phi$——试样孔隙度，%；

　　　$M_1$——试样饱和液体前的质量，g；

　　　$M_2$——试样饱和液体后的质量，g；

　　　$\rho_{液体}$——所用液体密度，$g/cm^3$；

　　　$V_{总}$——试样总体积，$cm^3$。

欲使试样孔隙中的空气在短期内被液体代替，必须采取强力排气，常用煮沸法与抽真空法两种。煮沸法适用于与水不起作用的试样，与水起作用的试样和易被水分散的试样宜用抽真空的方法排除试样中的空气。对水泥石试样来讲，可直接用煮沸法进行强力排气。具体实验操作步骤如下：

（1）刷净试样表面灰尘，放入电热烘箱中于 105～110℃ 下烘干 2h 或在允许的更高温度下烘干至恒值，并于干燥器中自然冷却至室温，称量试样的质量 $M_1$，精确至 0.01g。

（2）试样浸渍：把试样放入容器内，在10min 内缓慢注入温度为80～90℃自来水，直到试样被水完全淹没。对容器进行加热，使容器内液体保持沸腾状态，使试样充分饱和。

（3）饱和试样质量测定：从浸液中取出试样，用饱和了液体的毛巾，小心地擦去试样表面多余的液滴（但不能把气孔中的液体吸出）。迅速称量饱和试样在空气中的质量 $M_2$，精确至 0.01g。

（4）浸渍液体密度测定：测定在实验温度下所用的浸渍液体的密度，可采用液体静力称量法，即对一定体积的自来水进行称重，精确至 0.001g/$cm^3$。

### 5.3.2　混浆水泥石孔隙度测试

相同比例下，水泥浆/钻井液混浆水泥石与水泥浆/GYW201 隔离液混浆水泥石的声速存在差异，为找到水泥石内部结构致密性方面的证据，设计实验进行分析：（1）常规密度水泥浆与钻井液、GYW201 隔离液分别按 75∶25，50∶50，25∶75 三种体积比进行混配，得到混浆；（2）在常温常压下养护 72h 后进行孔隙度测试。

表 5.3 与表 5.4 是对不同比例的混浆进行超声波测试与孔隙度测试之后的数据。为使测试的孔隙度更为精确，试样平行样均为三个，对每个试样的孔隙度测试均进行 3 次重复测试，取平均值。

表 5.3　水泥浆/钻井液混浆测试数据

| 编号 | 水泥浆：钻井液<br>（体积比） | 密度<br>（g/cm³） | 声速<br>（km/s） | 孔隙度测试<br>（%） | 声阻抗<br>（×10⁶kg/m²·s） |
|---|---|---|---|---|---|
| 1 | 75：25 | 1.71 | 2.67 | 6.41 | 4.56 |
| 2 | 50：50 | 1.59 | 1.67 | 10.07 | 2.66 |
| 3 | 25：75 | 1.39 | — | — | — |

注：水泥浆与钻井液比例为 25：75 时，72h 时未凝固。

表 5.4　水泥浆/GYW201 隔离液混浆测试数据

| 编号 | 水泥浆：钻井液<br>（体积比） | 密度<br>（g/cm³） | 声速<br>（km/s） | 孔隙度测试<br>（%） | 声阻抗<br>（×10⁶kg/m²·s） |
|---|---|---|---|---|---|
| 1 | 75：25 | 1.78 | 2.88 | 3.76 | 5.12 |
| 2 | 50：50 | 1.65 | 2.43 | 6.82 | 4.01 |
| 3 | 25：75 | 1.50 | — | — | — |

注：水泥浆与 GYW201 隔离液比例为 25：75 时，72h 时未凝固。

从表 5.3 与表 5.4 中可以看到：

（1）孔隙度的数据随着水泥浆量的减少而增大。

（2）声速数据随水泥浆量减少而减少。

（3）在同一比例下，水泥浆/钻井液混浆水泥石声速值均小于水泥浆/隔离液混浆水泥石声速值。

（4）在同一比例下，水泥浆/钻井液混浆水泥石孔隙度均明显大于水泥浆/隔离液混浆水泥石孔隙度。

声波在高孔隙度固体中传播时，声波时差较长，从而声速较小，声阻抗值较小，同理，声波在低孔隙度固体中传播时，声波时差较短，从而声速较大，声阻抗值较大。水泥浆/钻井液混浆水泥石孔隙度高于水泥浆/隔离液混浆水泥石孔隙度，说明后者内部结构较为致密，这一点是水泥浆/钻井液混浆水泥石声速值低于水泥浆/隔离液混浆水泥石声速值的本质因素之一。

# 5.4　本章小结

混浆段声阻抗值、强度与混合水泥浆体积量成正比，而混浆段的初终凝时间随混合水泥浆体积量的增加而减少，即，水泥浆含量越低，混浆段凝固时间越长，抗压强度值越小，孔隙度越高，声阻抗值越小，从而 CBL 声幅曲线值越高。

由于水泥浆与隔离液 GYW201 掺混后凝固性能、强度性能与声阻抗均能达到一定要求，GYW201 隔离液除能更好地改善第一界面与第二界面实际固井质量外，还能得到更好的 CBL 声幅曲线，具有较好工程应用前景。

相同测试条件下，相同体积比的水泥浆/钻井液混浆水泥石的孔隙度高于水泥浆/隔离液混浆水泥石的孔隙度，这是前者声速值低于后者声速值的本质因素之一。

由于前置液不可能 100%地顶替完钻井液，因此，必然存在混浆段。对混浆段凝固特性、强度特性、声阻抗特性的了解可对测井时间的确定提供参考，也可为 CBL 测井曲线的多组分水泥声阻抗校正提供参考意见。

# 第6章 混合材质对
# 多组分水泥声阻抗特性的影响

目前固井所面临的问题日趋复杂，对水泥浆设计的要求越来越高，所采用的新颖混合材质层出不穷。多组分水泥即掺杂了多种混合材质的水泥。

混合材质(减轻剂与加重剂)的加量可调控水泥石的密度；混合材质(减轻剂、加重剂与不同类型的配套处理剂)自身的物理化学特性以及时间、温度影响了水泥石内部晶相结构及密实性，从而最终影响了水泥石的声速度。水泥石声阻抗定义为水泥石密度与其声速的乘积，因此，混合材质、时间以及温度对水泥石的声阻抗特性影响是重要的。

随着石油工业发展，固井作业所面临的井况越来越复杂：油气井越来越深，井身结构越来越复杂，环空浆柱结构设计更为困难；井底温度、压力越来越高，水泥浆体系性能更难控制；钻井过程中更容易发生复杂事故，井眼质量难以得到有效保证，不利于在注水泥过程中提高顶替效率；井底情况如地层压力更为复杂，平衡注水泥困难，并难以在水泥浆候凝过程中压稳地层流体；套管试压对水泥石的力学形变能力提出了特殊要求，需要保证地层—套管—水泥环力学形变能力的协调性；特别是大规模使用强化开采措施，射孔、酸化、压裂等后期作业对水泥石力学、热学、化学性能以及水泥环的长期密封性能提出了更高的要求。在上述复杂工况下难以保证长期有效的层间封隔能力[18]。

固井面临问题的复杂化对固井水泥浆体系设计提出了更高的要求，越来越多的新型混合材质被应用于固井工程水泥浆体系设计。由于各种混合材自身物理化学特性(内部结构、形状、目数、化学组分及组分的化学活性等)的不一样，导致采用不同混合材质设计出的水泥浆体系物理化学特性亦不一样(凝固特性、强度性能、稳定性、声学特性、密度等)，特别是空心材质(如漂珠等)与实心材质(如铁矿粉等)的加入对水泥浆体系整体物理化学特性的影响。水泥浆体系物化性能直接决定着水泥浆凝固后内部晶相结构及密实性，从而造成水泥浆注入井下后声学性能的差异，并最终影响 CBL/VDL 测井结果。

因此，搞清楚混合材质对水泥石声阻抗特性的影响规律是非常重要的。

## 6.1 水泥浆配方设计

为探索不同混合材质对水泥石声阻抗的影响，分别设计了常规密度（两种不同类型降失水剂）、空心漂珠低密度以及铁矿粉高密度水泥浆配方各两个。

低密度的水泥浆的减轻剂可分为两类。一类是自身密度较大，主要靠增大水灰比（水固比）来降低控制水泥浆的密度。这类材料有粉煤灰、膨润土、膨胀珍珠岩、火山灰、水玻璃等。但为了保证浆体的稳定性、均匀性和强度，用水量受到限制，否则难以保证浆体的综合工程性能。这类减轻剂配制的低密度水泥浆的密度一般在 1.50g/cm³ 以上，且应用温度要求较高。第二类是自身的密度小于水的减轻剂。如空心微珠、空气、氮气等。用这类材料作减轻剂配制低密度水泥浆，在较低水固比时，就可获得较低密度的水泥浆，从而可使水泥石的强度较高。具体选择哪一种减轻剂要根据密度的要求和应用条件等综合考虑确定。但一般应遵循如下原则：

（1）可靠的稳定性：要求水泥浆在给定的条件下，浆体不发生分层离析，形成的水泥石纵向密度分布要基本一致，且析水小、体积收缩小。

（2）浆体的密度满足要求：应主要从减轻剂的类型选择着手，不能盲目增大用水量，用水量应严格控制在所选择减轻剂的最大允许用水量范围内。

（3）满足工程上对水泥浆各项性能的要求：设计中不能盲目追求水泥浆的流变性能和滤失量控制，而损害水泥浆的早强特性和稳定性，否则，再好的流变性能或滤失控制都是无益的。

在部分性能不能满足工程要求时，可加适当的外加剂弥补改善。确定外加剂类型及其加量时，必须以严格的试验结果为依据，同时充分利用外加剂之间的协同增效作用，尽量避免有效特性的相互抵消。

与实心材质有关的水泥浆体系常见的是常规密度和铁矿粉高密度水泥浆体系。空心材质漂珠内部为空心，当漂珠用量较大，积聚在一起时，从物理意义上来讲，整个水泥石的内部存在大量中空的结构，其声学物理意义与实心材质水泥石的声学物理意义自然有所区别。

根据油田常用材料的情况，配制密度 1.35g/cm³ 与 1.55g/cm³ 的水泥浆选用空心微珠（漂珠）为主要减轻材料。利用空心漂珠低密度水泥石声阻抗与实心水泥石（常规密度水泥石与铁矿粉高密度水泥石）声阻抗的差异来说明特殊混合材质对水泥环声阻抗的影响。

油田现场以前固井用的大都是常规密度水泥石配方。针对常规密度水泥石，其外加剂的选择主要选择了对比两种不同的降失水剂：水溶性聚合物与高分子型。

所选择的实验材料包括新疆油田常用材料与四川油气井固井用常用材料。利用这些材料所配制的成熟水泥浆配方均满足一定固井要求，目的分别是为了对影响水泥石声阻抗特性的因素进行探索研究。

## 6.2 多组分水泥石声阻抗特性

### 6.2.1 常规密度水泥石

为比较空心混合材与实心混合材对水泥石声阻抗影响的差异，实验分别设计了常规密度、低密度、高密度水泥浆体系各 2 个配方，见表 6.1~表 6.3。并在养护 10h 后选择了六个时间点做了非金属超声波检测声学实验，图 6.1~图 6.6 分别为 6 个水泥浆配方在不同养护温度下所测得的声阻抗—养护时间曲线。

表 6.1 常规密度水泥浆体系配方

| 配方 | 水泥 | HS-2A（%） | LT-2（%） | SXY-2（%） | 水灰比 | 密度（g/cm³） | 养护温度（℃） |
|---|---|---|---|---|---|---|---|
| 1 | 嘉华 G | 0.6 | 0 | 0.3 | 0.44 | 1.92 | 50、70、90 |
| 2 | 嘉华 G | 0 | 1 | 0.3 | 0.44 | 1.92 | 50、70、90 |

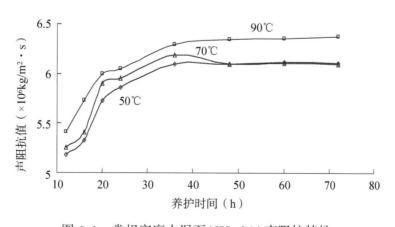

图 6.1 常规密度水泥石(HS-2A)声阻抗特性

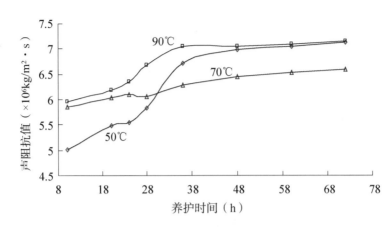

图 6.2　常规密度水泥石(LT-2)声阻抗特性

从图 6.1、图 6.2 可以直观看出实验设计用常规密度水泥石声阻抗与养护时间的关系:

(1) 在同一温度,常规密度水泥石的声阻抗随着养护时间的增长而增加,即常规密度水泥石声阻抗值与养护时间成正比。

(2) 加入高分子型降失水剂的常规密度水泥石的声阻抗值随温度的上升而增加;加入水溶性聚合物降失水剂的常规密度水泥石在 50℃ 时,其声阻抗值在 24h 后发展较快,并超过 70℃ 时的声阻抗值。

(3) 养护时间为 50℃ 时,加入高分子型降失水剂的常规密度水泥石声阻抗值在 24h 内比加入水溶性聚合物降失水剂的常规密度水泥石声阻抗值略大;加入高分子型降失水剂的常规密度水泥石声阻抗值发展幅度没有加入水溶性聚合物降失水剂的常规密度水泥石声阻抗值发展幅度大,24h 后,加入水溶性聚合物降失水剂的常规密度水泥石声阻抗值很快增加并较大地超过加入高分子型降失水剂的常规密度水泥石声阻抗值。

(4) 养护时间为 70℃ 与 90℃ 时,加入水溶性聚合物降失水剂的常规密度水泥石声阻抗值明显在对应养护时间均大于加入高分子型降失水剂的常规密度水泥石声阻抗值。

(5) 养护时间 36h 后,加入高分子型降失水剂的常规密度水泥石声阻抗值基本稳定,变化不大;养护时间 48h 后,加入水溶性聚合物降失水剂的常规密度水泥石声阻抗值基本稳定,变化不大。

不同类型的降失水剂由于其化学成分不同,控制水泥石内部晶相结构机理不同,且对水泥石的凝固特性也有不同程度的影响,故而加入不同降失水剂的常规密度水泥石的声阻抗值随养护时间、养护温度的变化规律亦不一样。

由于水泥石声阻抗值与 CBL 测井曲线幅度值成反比,由图 6.1 与图 6.2 曲线的分析可以得出这样的结论：用实验设计用常规密度水泥石固井时，由于声阻抗值与时间成正比关系，固井 CBL 曲线声幅值亦随着时间的推移而逐渐降低，36h 后，声幅曲线稳定。

由此，可以为常规密度水泥浆固井后的工程测井时间提供科学的实验室数据为支持。

### 6.2.2 漂珠低密度水泥石

从图 6.3、图 6.4 的曲线图可以直观看出实验设计用漂珠低密度水泥石声阻抗与养护时间的关系：

（1）漂珠低密度水泥石的声阻抗随时间的增加呈现先增加后减小最后稳定的变化。

（2）35℃ 和 50℃ 的低温条件下，漂珠低密度水泥石声阻抗随着漂珠加量的增加（相应地，密度相应降低），声阻抗与时间的关系变化出现较大波动（图6.4）；50℃ 时，24h 与 48h 时之间曲线变化是先减小再增加；35℃ 时类似变化的时间出现在 20h 到 30h 之间；在此养护温度（35℃、50℃）条件下，60h 后声阻抗值稳定并基本相近。

**表 6.2　低密度水泥浆体系配方**

| 配方 | 嘉华 G 级水泥 | PZ | WG | LT-2（%） | SXY-2（%） | 水灰比 | 密度（g/cm³） | 温度（℃） |
|---|---|---|---|---|---|---|---|---|
| 3 | 80 | 15 | 5 | 0.5 | 0.2 | 0.50 | 1.55 | 35、50、70 |
| 4 | 65 | 25 | 10 | 0.5 | 0.2 | 0.65 | 1.35 | 35、50、70 |

注：由于设计低密度水泥浆配方在 90℃ 养护后出现膨胀现象，故设计 35℃、50℃、70℃ 三种温度养护进行实验对比。

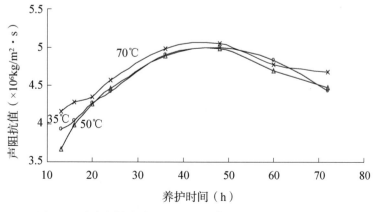

图 6.3　漂珠低密度（1.55g/cm³）水泥石声阻抗特性

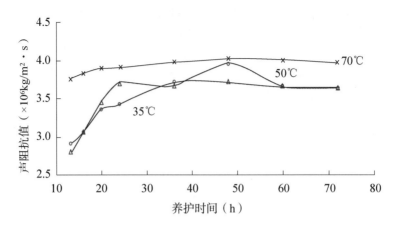

图 6.4　漂珠低密度（1.35g/cm³）水泥石声阻抗特性

（3）相同养护温度与相同养护时间，随着漂珠加量的增加，低密度水泥石的声阻抗值呈减小趋势。

（4）漂珠低密度水泥石声阻抗的最大值均出现在养护时间为 48h 时。

CBL 测井曲线幅度值是随着水泥石声阻抗的增加而降低的。由图6.3与图6.4 所得到的实验设计漂珠低密度水泥石的声阻抗随时间变化的规律可知：当用实验设计用漂珠低密度水泥浆体系固井时，假设固井质量良好，在48h 时，水泥环的声阻抗值为最大，此时测井，其 CBL 测井曲线幅度值一定是最小的，因为此时水泥环的声阻抗值更接近套管的声阻抗值，而提前测井或者沿后测井均可能导致测井曲线幅度值的偏大。

通过这个结论，可以为空心混合材低密度水泥浆固井后的工程测井时间提供科学的实验室方法作为参考。

### 6.2.3　铁矿粉高密度水泥石

表6.3为实验设计的铁矿粉高密度水泥浆体系配方，图6.5与图6.6为铁矿粉高密度水泥石在 50℃、70℃与 90℃ 三种养护温度下，声阻抗随养护时间变化的曲线图。从曲线图可以直观地看出：

**表6.3　高密度水泥浆体系配方**

| 配方 | 新疆 G 级水泥 | 硅粉 | 安县 I 型铁矿粉 | 新疆 WG | LANDY-807L（%） | LANDY-906L（%） | LANDY-19L（%） | W/S | 密度（g/cm³） | 温度（℃） |
|---|---|---|---|---|---|---|---|---|---|---|
| 5 | 100 | 25 | 100 | 10 | 2.5 | 1.5 | 0.02 | 0.25 | 2.38 | 50、70、90 |
| 6 | 100 | 35 | 80 | 8 | 2.5 | 0.8 | 0.02 | 0.38 | 2.07 | 50、70、90 |

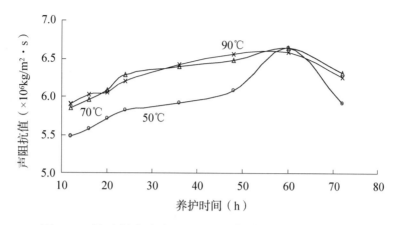

图 6.5　铁矿粉高密度(2.38g/cm³)水泥石声阻抗特性

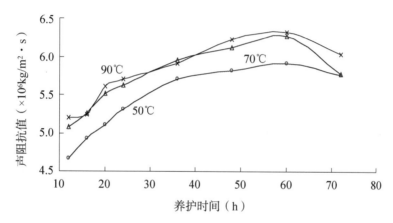

图 6.6　铁矿粉高密度(2.07g/cm³)水泥石声阻抗特性

（1）铁矿粉高密度水泥石的声阻抗随时间的增加呈现先增加后减小最后稳定的变化；同样的养护时间下，铁矿粉高密度水泥石的声阻抗值随养护温度的上升基本呈增加趋势。

（2）铁矿粉高密度水泥石声阻抗的最大值均出现在养护时间为 60h 时，且 50℃、70℃与90℃三种养护温度对应的铁矿粉高密度水泥石的声阻抗最大值随着铁矿粉加量的增加(图 6.5)更为接近。

（3）铁矿粉加量较高时，水泥石密度随之增高，高密度水泥石的声阻抗值亦变大。铁矿粉为惰性材料，在 60h 时，其得到充分的物理化学反应，其与水泥晶相的结合特性影响了水泥石的声速值，从而造成高密度水泥石声阻抗的变化。

（4）CBL 测井曲线解释是以声幅曲线值作为标准，声幅越小，则表示第一界面胶结质量越好。以实验设计用铁矿粉高密度水泥体系固井后，实际固井质量较好的情况下，选择 60h 进行测井，CBL 幅值将会最低，而在 72h 后相应 CBL 幅值稳定，变化较小。

这说明铁矿粉对高密度水泥石声阻抗的影响较大，选择不同的测井时间进行测井时，其声幅值也会有很大的不同。当影响程度较大时，其必然会使得 CBL 测井曲线幅度值偏小或偏大，严重时，可导致固井质量测井评价解释时的误判现象。

### 6.2.4 空心水泥石与实心水泥石声阻抗特性对比

空心漂珠水泥石凝固后，由于漂珠内部为中空，使得整个水泥石内部形成具有很多中空的结构，因此可将空心漂珠水泥石看成为"空心水泥石"。在混合均匀并与水泥相充分反应后，其强度可达到较高的数值。常规密度与铁矿粉高密度水泥石在混合均匀并充分凝固后，内部必然形成较为密实的结构，可看成为"实心水泥石"。在测井时，声波的传播是一个物理过程，由于"空心水泥石"与"实心水泥石"彼此内部晶相结构的差异，使得 CBL 测井时，即使实际固井质量均良好，使用漂珠低密度水泥浆体系与常规密度或铁矿粉高密度水泥浆体系固井后的声幅值都有非常明显的差异。

声幅幅度与套管波强弱与套管、水泥环及地层三者的声阻抗值是密切相关的。水泥环的声阻抗越接近套管声阻抗，声波能量越容易进入水泥环，回到声波接收器的声波能量就越少，而声幅幅度就越小，套管波就越弱。要分析不同密度水泥浆固井后，实际固井质量相同情况下声幅幅度与套管波能量强弱的情况，就必须对空心混合材水泥石与实心混合材水泥石的声学物理特性进行认识与对比。

图 6.7、图 6.8 分别为 50℃ 与 70℃ 时漂珠低密度、常规密度以及铁矿粉高密度水泥浆体系的声阻抗随养护时间的变化情况。所选漂珠低密度水泥浆体系密度为 1.35g/cm³，即表 6.2 中的配方 4，常规密度水泥浆体系配方（密度为 1.92g/cm³）见表 6.1 中的配方 1，铁矿粉高密度水泥浆体系配方（密度为 2.38g/cm³）见表 6.3 中的配方 5。

从图 6.7 与图 6.8 可以看出，漂珠低密度水泥石的声阻抗值明显远远小于常规密度及铁矿粉高密度水泥石声阻抗值。常规密度水泥石的声阻抗值都在 $5×10^6 kg/m^2 \cdot s$ 以上，而漂珠低密度的声阻抗值小于 $4×10^6 kg/m^2 \cdot s$。在相同的测井时间，在一口井的不同层段注入不同密度的水泥浆体系，由于其声阻抗特性的差异，必然引起声幅幅度与套管波强弱的差异。因此，要对固井质量进行更为准确的评价，必须考虑不同固井水泥浆材料引起的水泥环声阻抗的差异。

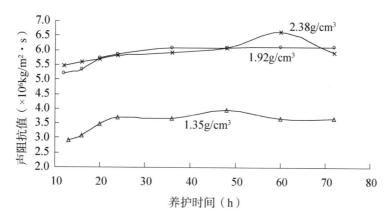

图 6.7　养护温度为 50℃时空心混合材
与实心混合材水泥石声阻抗特性

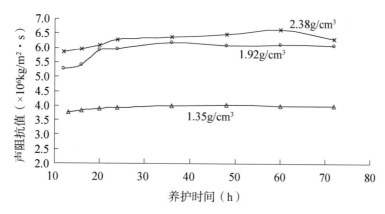

图 6.8　养护温度为 70℃时空心混合材
与实心混合材水泥石声阻抗特性

图 6.9 即为实际固井质量良好，在不同深度段固井水泥浆体系不一样时的声波变密度测井实例。其低密度水泥浆体系为漂珠低密度水泥浆体系。

从图 6.9 可明显看出，在 2460～2520m 这一深度段时，漂珠低密度水泥固井后的声幅幅度较高，声幅幅度大部分超过 40%，甚至达到 50%，此时以现行固井质量评价方法（SY/T 6592—2004）中对低密度水泥浆体系固井时描述的以 40% 的声幅幅度值作为合格与不合格的标准就值得商榷，因为此时实际的固井质量为良好，而按标准判断其固井质量仅仅为合格，部分层段甚至解释为不合格。这直接导致现场声波水泥胶结测井时，测井解释结果为差而实际封隔质量却较好的原因。

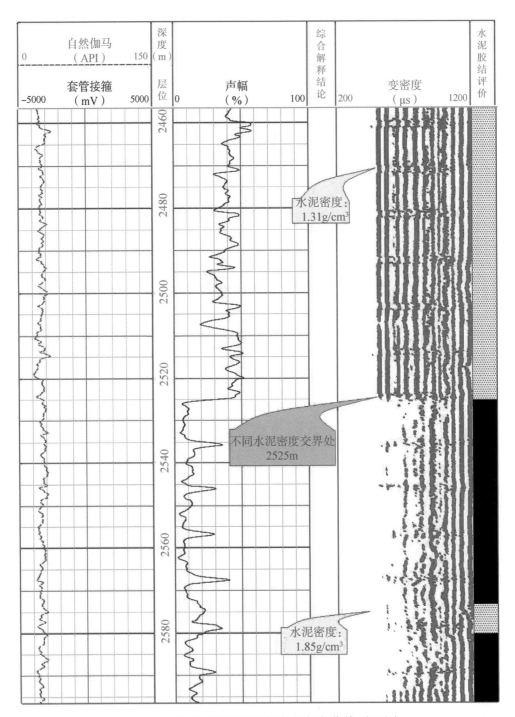

图 6.9　不同水泥浆密度声波变密度曲线对比图

　　漂珠低密度水泥对声幅和变密度影响非常大，声幅幅度升高，变密度曲线表现为套管波较强。因此，空心混合材与实心混合材对固井质量评价测井结果的影响是不容忽视的，迫切需要找到一种方法对这种差异进行准确地分辨。

## 6.3 不同处理剂对水泥石声阻抗特性的影响

各种不同的配套处理剂控制水泥石的晶相结构是不相同的。实验比较了三种不同公司的配套处理剂对常规密度水泥石声阻抗的影响情况，实验配方见表6.4。

表6.4 常规密度水泥石配方设计

| 公司编号 | 水泥 | 降失水剂<br>（%） | 分散剂<br>（%） | 水灰比 | 密度<br>（g/cm³） | 温度<br>（℃） |
|---|---|---|---|---|---|---|
| 1 | G | 1 | 0.3 | 0.44 | 1.92 | 90 |
| 2 | G | 2.5 | 0.8 | 0.44 | 1.92 | 90 |
| 3 | G | 1 | 0.3 | 0.44 | 1.92 | 90 |

图6.10为三类不同配套处理剂水泥石声阻抗随时间变化的曲线。图6.11为三类处理剂所配出的常规密度水泥石的抗压强度随时间的发展特性。

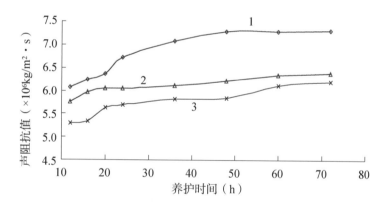

图6.10 处理剂类型对水泥石声学特性的影响

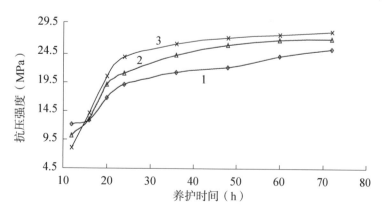

图6.11 处理剂类型对水泥石抗压强度性能的影响

从图 6. 10 与图 6. 11 可以看出：

（1）与 G 级水泥复配后，公司 1 生产的处理剂所配制的常规密度水泥石（简称 1 号水泥石）的声阻抗最大，其次是公司 2 生产的处理剂所配出的常规密度水泥石（简称 2 号水泥石），声阻抗最小的是公司 3 所生产的处理剂所配出的常规密度水泥石（简称 3 号水泥石）。

（2）三类处理剂配出的常规密度水泥石声阻抗均随着养护时间的延长呈上升趋势。

（3）对比三类处理剂所配出的常规密度水泥石的抗压强度曲线可知：在 12h 时，强度最低的是 3 号水泥石，强度最高的是 1 号水泥石，而在 16~72h，3 号水泥石的强度迅速发展起来，并超过 1 号和 2 号水泥石的强度，16h 后，强度最低的为 1 号水泥石，其次是 2 号水泥石。

（4）常规密度的同一配方，强度发展与声阻抗发展呈同一趋势，但不同配方强度发展与声阻抗发展关系是无法用统一的经验公式来归纳的。声学发展与强度发展的关系，应根据不同的水泥浆体系，根据特定的配方，作出声学与强度发展各自不同的关系，这在后面的工程测井时间的实验室方法探索中会详细描述。

由声幅幅度与水泥石声阻抗成反比这一规律可以推论：三类处理剂所配出的常规密度水泥浆体系（分别简称为 1 号、2 号、3 号水泥浆体系）固井，在固井质量均为良好时，在 16~72h 的任一时间进行声波水泥胶结测井，1 号水泥浆体系固井声幅幅度会最小（其水泥石声阻抗最大），而用 3 号水泥浆体系固井声幅幅度最大（其水泥石声阻抗较小）。而实际上，其固井质量均是良好，当声阻抗差异较大而引起声幅度差异较大时，便可能引起固井质量测井评价解释的误判。

# 6. 4　多组分水泥石微观结构分析

空心与实心混合材质自身的物化性能导致水泥石声学特性的差异。物质的内部密实性是影响物质声学特性的本质因素之一。利用多组分水泥石的密实性分析对空心与实心混合材水泥石的声学特性进行机理研究，对水泥石密实性的测试采用孔隙度测试与微观电镜分析。

## 6. 4. 1　孔隙度测试实验分析

为分析密实性对混合材水泥石声学特性的影响，实验设计了常规密度水泥石、铁矿粉高密度水泥石、空心漂珠低密度水泥石各三个配方进行了孔隙度测试实验(实验配方见表6.1中配方2,表6.2中配方4,表6.3中配方5),实验结果见表6.5。水泥石在70℃养护48h后进行测试。试样平行样均为三个,每个试样的孔隙度均测三次,取其平均值。

表6.5 水泥石孔隙度测试

| 水泥石类型 | 密度<br>(g/cm$^3$) | 声速<br>(km/s) | 孔隙度<br>(%) | 声阻抗<br>(×10$^6$kg/m$^2$·s) |
| --- | --- | --- | --- | --- |
| 空心漂珠低密度 | 1.35 | 2.99 | 1.04 | 4.04 |
| 常规密度 | 1.92 | 3.36 | 3.61 | 6.45 |
| 铁矿粉高密度 | 2.38 | 2.72 | 5.48 | 6.47 |

从表6.5可以看到:

(1)空心漂珠低密度水泥石孔隙度最小,而铁矿粉高密度水泥石孔隙度最高。

(2)常规密度水泥石的声速值最大,铁矿粉高密度水泥石声速值最小。

分析数据规律性后,发现一个特殊现象:对实心材质水泥石来讲,孔隙度越高,则其声速值越低;但对空心材质水泥石来说,孔隙度虽然较低,表示内部较为致密,但其声速值不见得就高。对这个现象的说明必须借助于微观电镜实验结果。

## 6.4.2 水泥石微观电镜实验

空心混合材与实心混合材水泥石声速度的差异归根结底是内部微观结构的差异。图6.12与图6.13分别是空心漂珠低密度水泥石与常规密度水泥石在70℃养护48h后的电镜照片。

图6.12所显示的水泥石属空心混合材水泥石,从电镜照片可以看出,空心漂珠由于内部为空心,在水泥石内部形成不一的"蜂洞",声波在向内部传播时,必然发生很多次的反射、折射与绕射,穿过空心漂珠低密度水泥石的声波时差变长,导致其声速降低。图6.13所显示的属实心混合材水泥石,从电镜照片可以看出,常规密度水泥石内部结构致密,没有"蜂洞"结构,声波在传播时,路径要简单得多,几乎是直接透射过去,因此,其声速较大。

孔隙度实验测出的空心漂珠水泥石孔隙度为1.04%,常规密度水泥石孔隙度为3.61%,表明空心漂珠水泥石内部比常规密度水泥石内部更为致密,按一般声学原理，空心漂珠水泥石声速测值应高于常规密度水泥石声速测值。而比较其实测声速值，空心漂珠水泥石的声速度为 2.99km/s，常规密度水泥石的声速度为 3.36km/s，空心漂珠水泥石的声速度比常规密度水泥石的声速度反而要小 0.37km/s。

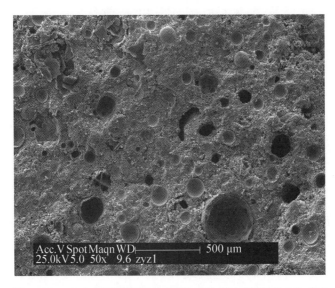

图 6.12  空心漂珠低密度水泥石微观电镜照片（50 倍）

图 6.13  常规密度水泥石微观电镜照片（200 倍）

分析其原因，不难理解：孔隙度测试的时候，由于液体不能进入空心漂珠内部，只能进入空心漂珠颗粒与水泥等其他颗粒之间的缝隙，声波在穿透水泥石时，实际穿过的孔隙体积明显大于孔隙度实验测出的孔隙体积，这就是为何孔隙度实验测出的水泥石较为致密声速却较低的原因，而这种现象形成的根本原因就在于空心混合材质自身的微观结构特点。

空心混合材低密度水泥石的密度本身比常规密度水泥石的低，因此，空心混合材低密度水泥石的声阻抗明显小于常规密度水泥石。

## 6.5　本章小结

空心混合材与实心混合材以及不同类型的配套处理剂均在不同程度上影响着水泥石的内部晶相结构以及密实程度，导致其声速测值的变化，从而影响了其声阻抗值，使水泥石的声阻抗出现较大的差异。

由于养护温度与养护时间的不同而导致同类型水泥石的声阻抗发生的一系列规律性变化，实质上是由于随着养护时间与养护温度的不同，水泥浆内部各种化学组分所发生的物理化学变化的程度不一样，导致形成的水泥石内部晶相结构及密实程度的不一样，影响了水泥石的声学特性。因此，影响水泥石声学特性的本质因素是水泥石内部的晶相结构。

空心混合材与实心混合材对水泥环的声阻抗起着很重要的影响，空心混合材水泥石的声阻抗与实心混合材水泥石的声阻抗差异是非常大且明显的，必然导致 CBL 声幅幅度以及声波变密度套管波强弱程度的较大差异，从而可能导致实际固井质量良好而测井解释结果为差。

在有空心混合材加入时，可能因为空心混合材自身的"空心"结构而使得孔隙度实验测出的"密实性"与声学物理意义上的"密实性"并不一致，声波实际穿过的孔隙体积大于通过孔隙度实验测出的孔隙体积，从而导致"空心水泥石"声速测值与"实心水泥石"声速测值的不一致。

当一口井不同层段需要注入不同混合材质、不同密度水泥浆体系时，由于不同混合材水泥声阻抗差异而在 CBL 测井时形成的曲线幅度差异更加明显。但在测井时，对自由套管段进行刻度后采用的评价标准均参照同一标准，这样就可能引起测井解释的误判。

因此，必须对多组分水泥的声阻抗特性进行准确认知，以期获得更为真实的井下固井质量情况。在不同水泥浆体系固井时，必须根据不同水泥浆体系的声阻抗特性制定相应的固井质量评价标准。

# 第7章　工程测井时间的确定

影响水泥石声阻抗的另外一个重要因素是养护时间。按照固井要求设计的水泥浆体系需要一定的时间去等候水泥浆各组分进行充分的物理化学反应，充分凝固，以形成能支撑以及悬挂套管的强度。在形成强度的过程中，水泥浆各组分间的物理化学反应程度决定了水泥环的内部晶相结构，并最终影响着水泥环的声阻抗特性。而水泥环的声阻抗特性直接影响着声波水泥胶结测井结果，影响着固井质量的正确评判。水泥石声阻抗随养护时间的增加不断发生变化，不同密度、不同混合材质的水泥石，其声阻抗随时间的变化规律也不一样。

水泥环的强度性能从固井工程角度提出要求：

（1）承受地层孔隙压力对水泥石产生的水平压缩力和套管重量产生的垂直方向张力。

（2）支撑套管，必须使套管与水泥石具有足够的胶结力以传递这种张力强度。

（3）水泥石的隔离能力取决于套管与水泥的胶结强度和水泥石的渗透率。

因此，可以根据养护时间对水泥环声阻抗特征、强度性能以及凝固特性的分析来对工程测井时间的选择提供科学性依据。水泥环随养护时间的推移，内部发生不同程度的物理化学反应而呈现出不同的物理化学性状，如凝固状态、强度性能、物相组成以及内部晶相结构等。水泥环的凝固状态、物相组成以及内部晶相结构均影响其声阻抗特性，并最终影响 CBL/VDL 测井曲线结果。

## 7.1　合理确定工程测井时间的重要性

油田固井后，有些井需要进行"时间推移测井"。这种测井往往是因为第一次测井后发现固井质量不好，需要重复测井以了解真实的固井情况。时间推移之后，测井固井质量变好的原因可能是测井时间选择的不合理造成的：在选定的第一次测井时间，固井水泥在井下环境下还没有完全凝固或者其声阻抗值还处于低值且变化剧烈的状态，导致 CBL 测井曲线声幅度较大，从而测井解释为不合格，而时间推移后，固井水泥完全凝固，其声学特性稳定下来，此时，其固井质量解释变成合格。如果可以得到水泥环的声学与物理机械特性，在声波水泥胶结测井时，就可以确定更为合理的工程测井时间，避免不必要的重复测井引起的额外费用。

目前工程测井时间一般凭经验选在 20~40h 之间。现场 CBL 与 VDL 测井在遇到时间推迟测井的情况时，均判断为前一次测井时间时，井下水泥浆体系还未完全凝固（候凝时间不足），但苦无证据进行支持。

图 7.1 是四川某地某气井固井后，在不同时间进行测井后的声波水泥胶结测井结果对比图。2007 年 9 月 5 日进行第一次工程测井时，由于井下水泥环还未完全凝固，声幅度较高，如果单纯以此时 CBL 曲线幅度来判断其固井施工质量，必然判为不合格。2007 年 9 月 7 日进行了第二次工程测井，从图中可以明显看到，时隔两天之后，由于水泥浆在井下充分凝固，其 CBL 测井结果曲线幅度值较低，此时判断固井施工质量结果为中等到优质。同一口井，同种声波测井仪器，操作人员也未变，但时隔两天后，凭 CBL 曲线判断解释的固井质量居然能从不合格变到中等，甚至优质，由此可以看出，合理确定工程测井时间对固井质量评价有时是非常关键的。

因此，工程测井时间的合理确定有利于对井下实际固井质量的评价解释，能避免时间推迟测井引起的额外费用，具有非常重要的工程应用意义。

水泥浆的初终凝时间的实验室确定能为现场工程测井时间的选择提供科学的数据支持；固井水泥环的声阻抗特性可决定固井声幅曲线幅度值的高低；水泥环的抗压强度性能直接影响实际固井质量的优良（强度是否达到支撑与悬挂套管的要求）。因此，提出工程测井时间的确定需要同时满足以下三个条件（固井后需要尽快了解固井质量情况，以做出下一步工程计划，故工程测井时间的选择不宜过长，一般为 3d 以内）：

（1）水泥浆完全凝固；

（2）水泥环的抗压强度达到要求；

（3）水泥环声阻抗较大或稳定。

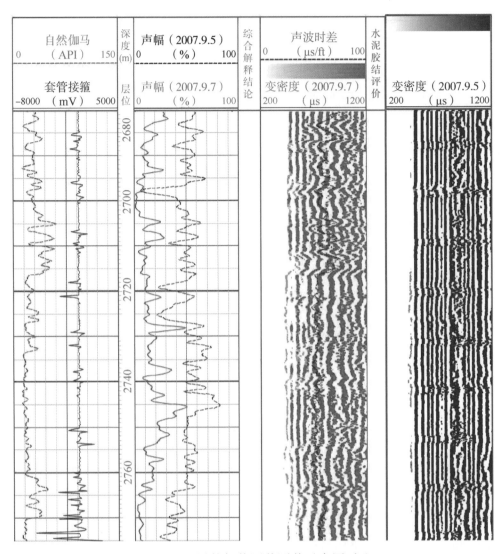

图 7.1　四川某气井固井测井示意图对比

## 7.2　水泥环抗压强度性能达到要求的时间

抗压强度是指破坏水泥试样时单位面积所作用的压力。抗压强度较高的水泥石固井后的质量一般较好，但过高，水泥石易脆裂。一般中等强度（13.7~20.6MPa）的水泥石就具有较好的密封性能。根据经验，水泥石的抗压强度达到 3.45MPa，已能支持套管所形成的轴向载荷，而满足继续钻进的要求。为适应油层开发和射孔的要求，水泥石的抗压强度值一般要求在 7.0~14.0MPa 之间。但对某口具体的井，固井后水泥石强度要求，应根据封固目的层的需要来确定。

水泥环的强度受到很多因素的影响。首先是水泥石的凝固特性，若设计水泥浆配方中有速凝剂与早强剂时，水泥浆凝固时间较短，其强度很快就可以达到要求的强度；若设计水泥浆配方中有缓凝剂时，水泥浆需要一段较长时间凝结后其强度才能达到设计要求。水泥环的强度在不同养护时间、不同养护温度下的特性是不一样的。

现场对水泥抗压强度要求根据所使用的水泥浆类型一般如下[12]：

（1）对于常规密度和加重后的水泥浆，要求其24h的抗压强度大于13.8MPa。

（2）对于低密度水泥浆，因受加入减轻材料的影响，一般要求大于24h的抗压强度大于8MPa即可。

### 7.2.1 抗压强度测试

实验用测试抗压强度的仪器采用的是 JES-300 型抗折抗压实验机，如图7.2 所示。

图 7.2　JES-300 型抗折抗压实验机

称取一定量的嘉华 G 级油井水泥和外掺料，加入其他处理剂一起混合均匀，并取所需要量的水。

然后把水放入混合容器中，搅拌器以各种不同转速转动（不同外掺料所用转速不同），在 15s 内加入水泥混合材料。然后盖上搅拌器盖子，继续搅拌35s，水泥浆体即可配成。

强度试件模具内表面薄薄地涂一层黄油，每一个模具的一半接触表面也涂黄油，以便装配时使连接处不漏水。要从装配后的模具内表面除去过剩的黄油。

模具放在涂了一薄层黄油的玻璃片上。

将配制好的水泥浆放入准备好的模具中，在指定的温度和压力下，养护所需要的时间。达到养护时间后拆模，冷却 1~2h 至室温，消除热应力的影响，并将两端面磨平，不允许有缺损或裂纹，然后用材料试验机进行破碎实验，再根据下式进行计算即可得到水泥石的抗压强度值：

$$Z_f = \frac{F}{A} \times 9.81 \times 10^{-2}$$

式中　$Z_f$——试样抗压强度，MPa；

　　　$F$——试样压碎时的载荷，N；

　　　$A$——试样截面积，$cm^2$。

### 7.2.2　水泥石抗压强度与养护时间、温度之间的关系

为找到不同类型水泥环抗压强度与养护时间以及养护温度之间的关系，实验设计了常规密度、漂珠低密度、铁矿粉高密度水泥浆体系各两个配方，配方见表6.1，表6.2，表6.3，并在养护10h后选择了六个时间点做了抗压强度实验，实验后抗压强度与养护时间之间的关系如图7.3~图7.8所示。

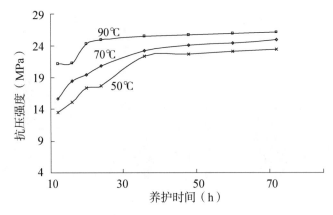

图7.3　常规密度(HS-2A)水泥石抗压强度
与养护时间之间的关系

从图7.3、图7.4可以比较直观地看出：

(1)常规密度水泥石的抗压强度随着养护时间的增加而增加。

(2)常规密度水泥石的抗压强度随着养护温度的升高而增加。

(3)加入高分子降失水剂的常规密度水泥石与加入水溶性聚合物降失水剂的常规密度水泥石的强度在相同养护条件下数值接近，在10h之后，强度均能达到一般固井设计要求(7.0~14.0MPa)。

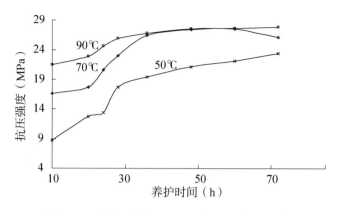

图 7.4　常规密度(LT-2)水泥石抗压强度
与养护时间之间的关系

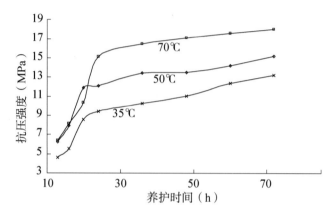

图 7.5　漂珠低密度水泥石(1.55g/cm³)抗压强度
与养护时间之间的关系

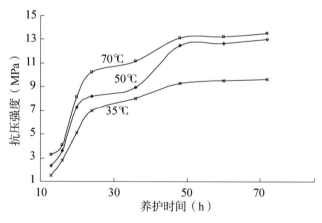

图 7.6　漂珠低密度水泥石(1.35g/cm³)抗压强度
与养护时间之间的关系

从图 7.5、图 7.6 可以看出:

(1) 密度较低(漂珠加量加大),强度随之降低。

(2) 漂珠低密度水泥石的强度与时间、温度成正比。

(3) 漂珠低密度水泥石的强度达到一般工程要求(7.0~14.0MPa)的养护时间最短在 16h 左右,最长在 24h 左右。

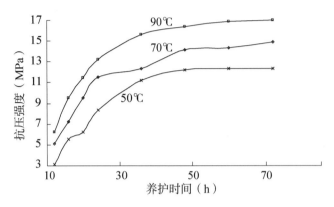

图 7.7　铁矿粉高密度水泥石(2.38g/cm³)抗压强度
与养护时间之间的关系

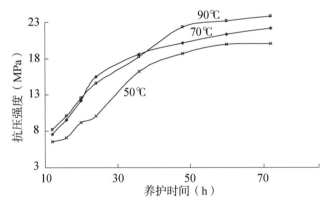

图 7.8　铁矿粉高密度水泥石(2.07g/cm³)抗压强度
与养护时间之间的关系

从图 7.7、图 7.8 可以看出:

(1) 铁矿粉高密度水泥石的强度与时间、温度成正比。

(2) 随铁矿粉加量增加,水泥石强度呈减小趋势。

(3) 铁矿粉高密度水泥石的强度达到一般工程要求(7.0~14.0MPa)的养护时间最短为 12h 左右,最长在 24h 左右。

对不同密度、不同外掺料的水泥石的强度的分析,可以了解:

(1) 各种水泥石的强度与时间、温度成正比。

（2）水泥石的强度达到一般工程要求（7.0~14.0MPa）的养护时间随养护温度有所变化，不同密度的水泥石强度达到要求的养护时间均不相同。

因此，工程测井时间的选择必须考虑水泥石强度达到工程要求的时间。

## 7.3 水泥环声阻抗达到最大或稳定的时间

从第6章中对各种不同材质水泥石声阻抗特性的描述可以知道：各种水泥石声阻抗随养护时间与养护温度变化的规律各异，因此，各种水泥石的声阻抗达到最大或稳定的养护时间是不一样的。

水泥环的抗压强度性能达到工程要求的时间随水泥浆体系的不同而有很大差别。在强度达到工程设计要求的时候，水泥环的声阻抗是否稳定，其值是否最大？这就涉及到水泥环抗压强度与声学特性的关系问题。

在混凝土工业中，混凝土的声速与强度被认为具有一定的对应关系。超声波在混凝土中的传播速度取决于混凝土的密度和弹性性质，而混凝土的弹性模量又与抗压强度存在着内在联系。所以，混凝土中超声波的传播速度与混凝土的抗压强度之间也有着良好的相关性，即混凝土的抗压强度越高则其超声波传播速度也越高。混凝土强度与超声波传播声速之间的相关规律是随着技术条件不同而各异的，即定量关系是受原材料和工艺条件如水泥品种、粗骨料品种和含量、龄期、养护条件等因素影响的。因此各类混凝土没有统一的的关系曲线，即不能根据超声声速推算预先不知道关系的某种混凝土强度。但对于相同技术条件下的混凝土，其强度与声速之间是有一定关系的。

那么，在固井时，随着新材料的层出不穷，各种多组分水泥石的强度与声学特性是否具有一定的对应关系呢？

下面选择常规密度水泥石、漂珠低密度水泥石、铁矿粉高密度水泥石六个配方在50℃、70℃时强度与声速的对应关系来说明这一问题，配方见表6.1~表6.3。图7.9~图7.14是不同水泥石配方强度与声速发展的关系曲线（曲线从左向右的每个点其声速与强度都以相同的养护时间为对应）。

从图7.9与图7.10曲线的走势可以看到：常规密度水泥石的声速与强度基本成正比关系，即当常规密度水泥石的声速增加时，其对应强度也增加。结合3.3节的分析，可以知道：常规密度声阻抗稳定下来的时间为36h或48h，而其抗压强度在10h已经达到工程设计要求。因此，实验设计用常规密度水泥石抗压强度达到要求时，其声阻抗不一定达到最大或稳定，即在设计用常规密度水泥浆体系固井时，水泥环强度达到设计要求时进行声波水泥胶结测井，因其声阻抗还未稳定下来，其声阻抗还较小，且变化幅度随时间的变化较大，测井测出的 CBL 幅度值随时间的变化也较大。

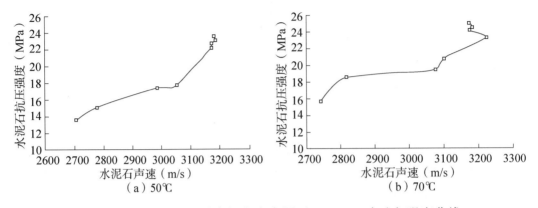

图 7.9　50℃与70℃时常规密度水泥石(HS-2A)声速与强度曲线

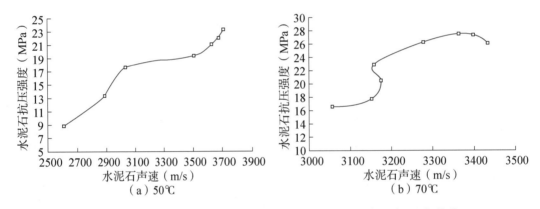

图 7.10　50℃与70℃时常规密度水泥石(LT-2)声速与强度曲线

　　图 7.11 与图 7.12 分别是不同密度漂珠低密度水泥石声速与强度的关系曲线。从曲线可以直观地看出：漂珠低密度水泥石的声速随抗压强度的上升呈现先增加，到一最大点后，又减小的趋势。结合 6.3 节的分析可知：漂珠低密度水泥石的声阻抗值在 48h 到最大值，而其强度达到工程要求的时间最短 16h，最长为 24h，即如果以水泥石的强度作为工程测井时间的唯一标准，不考虑水泥石的声阻抗特性的变化，在测井时，可导致测井 CBL 曲线幅度随时间变化较大，这也是为何时间推迟测井结果测井解释变为合格的其中一个很重要的原因。

　　观察图 7.13 与图 7.14：铁矿粉高密度水泥石声速随水泥石的强度的增加呈先增加而后减小。实验设计用铁矿粉高密度水泥石声阻抗的最大值均出现在养护时间为 60h 时，其抗压强度达到工程要求的时间最短为 12h 左右，最长在 24h 左右。

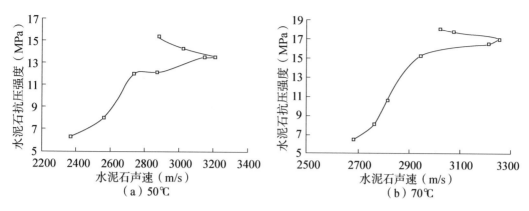

图 7.11　50℃与70℃时漂珠低密度(1.55g/cm³)水泥石声速与强度曲线

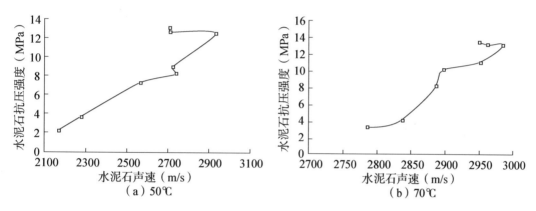

图 7.12　50℃与70℃时漂珠低密度(1.35g/cm³)水泥石声速与强度曲线

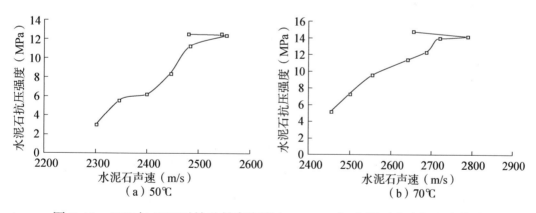

图 7.13　50℃与70℃时铁矿粉高密度(2.38g/cm³)水泥石声速与强度曲线

从各种不同密度、组分的水泥石声速与强度变化的曲线(图7.9~图7.14)可以看出,声速与强度之间的关系随着水泥石的材料、密度发生着变化,不能以其中任何一种水泥石声速与强度之间的关系来推测其余水泥石声速与强度的关系,即得到常规密度水泥石声速与强度之间的正比关系后,不能把低密度与高密度水泥石的强度与声速之间的关系推断成是同样的函数关系。对于同种密度

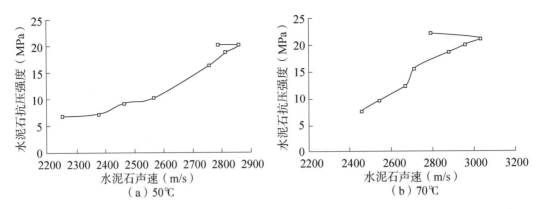

图 7.14 50℃与70℃时铁矿粉高密度(2.07g/cm³)水泥石声速与强度曲线

水泥石,其声速与强度的变化趋势在两种温度下基本保持相同,低密度水泥与高密度水泥石声速和强度的变化趋势不同之处均在"拐点"的位置出现的不同。

水泥石声阻抗达到最大或稳定的时间都在水泥石的强度达到工程设计要求的时间之后,且具有并不单一增加或单一减小的趋势。如果在水泥石强度达到要求时就进行 CBL/VDL 测井,其测井曲线 CBL 幅度值可能并未稳定下来,VDL 套管波的强弱程度随时间增加可能还会发生很大的变化。工程测井时间的合理选择,除考虑水泥石强度这一因素外,各种水泥石声阻抗随时间变化的规律性也是极其重要的参考因素。

因此,对 CBL 曲线幅度进行声阻抗校正,必须对工程测井时间进行考察。

## 7.4 多组分水泥浆的初终凝时间

水泥候凝时间不够时,水泥没有完全凝固。水泥环的性质不稳定,其声阻抗与强度还在变化,相应地,声波水泥胶结测井结果也在发生变化。如果在波形变化时进行固井质量测井,CBL/VDL 不能反映固井质量的变化,此时,需要对曲线进行水泥石声阻抗的时间校正。

如果能在实验室对水泥浆在井下环境下的初终凝时间进行了解,对工程测井时间的确定具有很重要的意义。

凝固时间是水泥浆静止后的凝固特性。它分为初凝和终凝,初凝为水泥浆丧失流动开始的时间;而终凝则是水泥浆完全失去塑性,并开始具有一定强度的时间。

实验探索了利用超声波测试的方法测试常温常压下常规密度水泥石的初终凝时间的方法。

### 7.4.1 维卡仪法测定初终凝时间

凝结时间的测定，世界绝大多数国家(包括中国)都采用"维卡仪法"。维卡仪如图 7.15 所示。GB/T 1346—2001《水泥标准稠度用水量、凝结时间、安定性检验方法》测定方法步骤为：

（1）水泥加水搅拌成标准稠度的水泥净浆后装入高度为 40mm 的试模，振动数次后刮平，并记录水泥全部加入水中的时间作为凝结时间的起始时间。

（2）30min 后进行第一次测定。测定时降低试针使其与水泥净浆表面接触。拧紧螺丝 1~2s 后，突然放松，试针垂直地沉入水泥净浆。观察试针停止下沉或释放试针 30s 时指针的读数。当试针沉入至玻璃板 4±1mm 时，为水泥达到初凝状态；

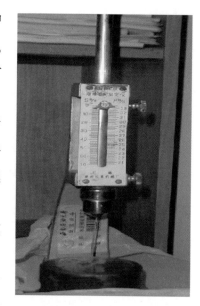

图 7.15　维卡仪

当水泥全部加入水中至初凝状态的时间为水泥的初凝时间。当试针只能沉入水泥净浆 0.5mm 时，水泥达到终凝状态；由水泥全部加入水中至终凝状态的时间为水泥的终凝时间。

测试时，临近初凝，每隔 5min 测定一次；临近终凝每隔 15min 测定一次。为保证测试的准确性每次测定试针不能落入已有的针孔。

使用该仪器测定水泥初终凝时间的主要不足之处在于：

（1）水泥的终凝时间根据水泥型号的不同，从几个小时到十几个小时，甚至更多。所以完成水泥凝结时间的测定需时较长，增加了操作人员的劳动强度。

（2）不同操作人员由于操作技术和熟练程度不同，得出的结果往往不同，影响测定结果的准确性。

因此，用维卡仪测定初终凝时间的误差较大，往往不能准确地测定出水泥的初终凝时间，因此，需寻求一种更为精确的测量水泥初终凝时间的方法。

### 7.4.2 初终凝时间的超声波测定原理

超声波在穿过液体、气体、固体或固液混浆的声波响应是有区别的：通常，固体介质中声速最大，液体介质中的声速较小，气体介质中的声速最小。固液混浆的声速介于气、固之间[130]。

　　未凝固的水泥浆是固液混浆，声波在穿透水泥浆时，由于能量散失较大，在超声波接收器上得到的信号很弱甚至没有信号显示；在初凝时，水泥浆初步形成一定的固态晶相结构(声波幅度在这个点突然增强)，此时声波信号穿透的能力增加，随着时间的推移，水泥浆慢慢地充分凝固，穿过水泥浆的声信号幅度慢慢稳定并逐渐加强，一直到终凝，接收声信号幅度较大并稳定。

　　依照这个原理，对超声波测试判断水泥浆初终凝时间进行了探索。

### 7.4.3　测试步骤及实验结果分析

　　测试仪器采用国产 CTS-25 非金属超声波检测仪，探头频率 50kHz，实验前必须预热 30min 左右。打开 CTS-25 非金属超声波检测仪后，不接探头，将声波信号(直线)调整到正中央位置，将声波信号直线所处位置定为零幅度，上下各五格，声波信号直线以上幅度最高定义为 50% 幅度。测试时，将两个探头直接卡入塑胶管内，在塑胶管壁开一小孔，将搅拌好后的常规密度水泥浆倒入塑胶管内(从此时开始计时)，打开超声波检测仪开始纪录声波时差与声波幅度，如图 7.16 所示。

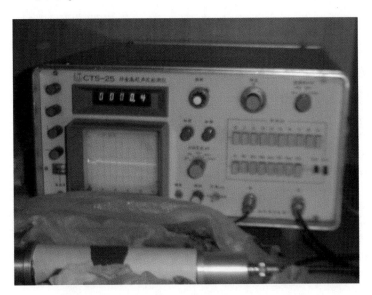

图 7.16　常规密度水泥浆初装入时仪器显示

　　测试步骤：

　　(1) 超声波测试仪器初始状态的调节("调零")：在常温常压下养护同样

配方常规密度水泥石，长度与塑胶管里两探头之间的距离一致，取养护48h的凝固水泥块，用黄油做耦合剂，对其做超声波测试，将接收到首波声信号的位置调到正中央直线的中间，首波声信号幅度调到正的最大值，定义为调零幅度 $A_0$。

（2）"调零"后的超声波检测仪仪器参数不变。将水泥浆从塑胶管上方的小孔倒入，开始测试，纪录首波时差与声信号幅度 $A_1$。

随着时间的推移，水泥浆在塑胶管中慢慢凝结，由初凝到终凝这一过程中，声波时差值(声速度)与声信号幅度在不断变化。图 7.16~图 7.18 是常规密度水泥浆凝结过程中实测仪器图像。

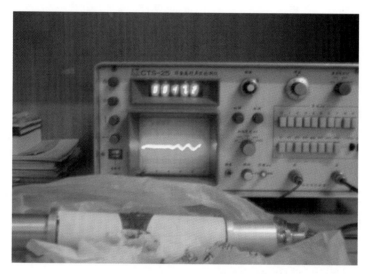

图 7.17　常规密度水泥浆初凝时仪器显示

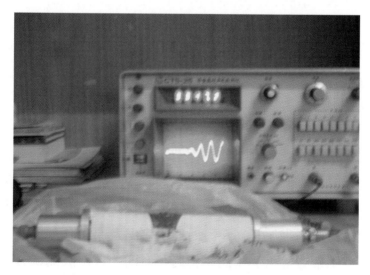

图 7.18　常规密度水泥浆终凝时仪器显示

维卡仪测量到的相同配方常规密度水泥浆初终凝时间实验结果见表7.1。

用超声检测仪测量到的实验结果见表7.2，调零幅度$A_0$实测值为35%。

**表7.1 维卡仪测量水泥初终凝时间数据**

| 凝结状态 | 时间（h） |
|---|---|
| 初凝 | 6.5 |
| 终凝 | 10.5 |

**表7.2 超声波检测仪测试数据**

| 凝结状态 | 时间（h） | 声速度（m/s） | 声信号幅度$A_1$ |
|---|---|---|---|
| 未凝结 | 0 | — | 0 |
| 初凝 | 7 | 2234 | 15% |
| 终凝 | 11 | 2586 | 33% |

其中未凝结时，50kHz探头，超声波信号接收不到首波信号，故而声速度检测不到。

超声波信号在7h时突然接收到信号，此时声波信号幅度为15%，把此时定义为水泥浆初凝时间，其与维卡仪上测到的6.5h基本吻合。由于调零幅度$A_0$为35%，也即声信号幅度$A_1$会发展到接近35%。在11h时，声信号幅度达到33%，且之后一直到24h其幅度都无明显变化，将此时定义为终凝时间，其与维卡仪所测得终凝时间10.5h接近。

试验证明，水泥浆在固液混浆（未凝固时）状态下，超声波仪器曲线呈现较直的曲线，接收器基本没有接收到可靠的信号（曲线在极小范围内有变化的幅度）；当水泥浆初凝时，水泥浆内部形成一定的晶相结构后，超声波曲线瞬间出现比较明显的具有一定幅度的正弦曲线，幅度相对稳定，但幅度不大，超声波仪器刻度显示幅度为15%左右；水泥浆终凝时，幅度达到较大，且相对稳定下来，此时，幅度刻度显示为33%。

从水泥浆在未凝固没形成固体晶相结构时，超声波曲线平直，到初凝形成一定固相结构时，超声波曲线瞬间出现一定幅度，到最后终凝水泥石固相结构基本形成时，超声波曲线幅度到达较大幅度并保持稳定，这一过程的试验现象证明，利用超声波监测水泥浆初终凝时间的思路及原理具可行性。

本实验探索了常温常压下水泥浆初终凝时间的超声波测试方法。通过此原理，可对水泥浆加温加压后进行初终凝时间的测试。

## 7.5 本章小结

工程测井时间的选择应同时满足三个条件(在 3d 以内)：水泥浆达到终凝，抗压强度达到设计要求，水泥石声阻抗值趋于稳定或较大，由此可以建立确定工程测井时间的实验室方法：在实验室内，监控水泥浆初终凝时间，记录水泥石达到抗压强度设计要求的时间，对水泥石进行超声波测试并记录其声阻抗值稳定或较大的时间，对三个时间进行综合考虑，对工程测井时间的确定提供重要的实验数据作为参考。

由于前置液不可能 100%地实现对钻井液的顶替，井内始终会存在少量钻井液存在，因此，对工程测井时间的确定还需要考虑水泥浆/隔离液或水泥浆/钻井液混浆的凝固特性、抗压强度特性以及声阻抗特性。

水泥石的抗压强度随养护时间、养护温度的增高而变大；其强度达到 7.0~14.0MPa 的养护时间随养护温度有所变化，不同密度的水泥石强度达到要求的养护时间均不相同。水泥环抗压强度达到要求的时间，水泥环的声阻抗特性不一定就达到稳定或最大，此时进行工程测井，可能引起 CBL 曲线幅度值的降低或声波变密度曲线里套管波较强，从而产生解释上的误判。

维卡仪判断水泥浆的初终凝时间的人为误差较大。根据超声波穿过不同时间水泥浆的声波响应可判断水泥浆的初终凝时间：水泥浆未凝固时是固液混浆。50kHz 的超声波探头穿不过固液混浆，此时超声波接收探头接收不到信号；在初凝时，水泥浆各组分间发生一定化学物理变化，内部形成初步的晶相结构，超声波穿过水泥浆到接收器，此时信号能量较弱，声幅度不高；随着时间的推移，水泥石内部各组分之间化学物理变化深入，此时声幅度增加，接近调零声幅度 $A_0$ 的时间则可定义为终凝时间。

工程测井时间的选择合理与否，可避免"时间推迟测井"引起的额外费用，节约测井经费，且能更为合理、真实地反映井下固井质量。

# 第8章 结论与建议

## 8.1 结论

本书针对目前声波水泥胶结测井存在的问题，抓住影响声波水泥胶结测井的本质因素之一：多组分水泥声学特性，从工程测井与固井工程角度出发，首先对声波水泥胶结测井解释的声波原理进行了理论研究，在此基础上，对多组分水泥声学特性进行了系统性研究，主要得到以下几点认识：

（1）根据 VDL 测井图像定性判断第二界面固井质量需要对地层岩性及其声学特性进行认知：当地层岩性为泥岩或石灰岩时，地层波强有可能表示的是胶结差。

（2）随超声波测试探头频率的变化，常规密度与铁矿粉高密度水泥石声阻抗值随探头频率的升高而升高；而空心漂珠类低密度水泥石在高频率段时其声阻抗随声波仪器探头频率的升高而降低。通过微观电镜扫描分析发现，导致上述现象的原因主要在于"空心水泥石"内部为中空的粗晶粒，较高频率的声波对其的穿透能力有限。

（3）固井水泥体系不稳定会导致声波水泥胶结测井结果显示为优而实际层间封隔质量很差的现象发生。

（4）同种条件下，水泥浆/GYW201 隔离液混浆的声阻抗高于水泥浆/钻井液混浆，说明使用 GYW201 隔离液能得到更低的 CBL 首波幅度，且前者的强度性能优于后者，前者的凝固时间短于后者，因此，隔离液的使用除能更好地改善第一界面与第二界面实际固井质量外，还能得到更好的 CBL 声幅曲线；一般地，混浆层段水泥浆含量越高，混浆段凝固时间越短，抗压强度值越大，孔隙度越低，声阻抗值越大，从而 CBL 声幅曲线值越小。

（5）空心混合材水泥石的声阻抗明显低于常规密度水泥石与高密度水泥石的声阻抗值，必然导致 CBL 声幅幅度的增高，从而可能导致实际固井质量良好而测井解释结果为差。

（6）常规密度水泥石与铁矿粉加重类高密度水泥石的声速测值随孔隙度的增加而减小，而孔隙度值较低的空心漂珠类低密度水泥石的声速测值反而低于较高孔隙度的常规密度水泥石声速测值，分析其 SEM 结构后发现是由于空心漂珠内部为气体，声波实际穿过的孔隙体积大于孔隙度实验测出的孔隙体积。

（7）从水泥浆在未凝固未形成固体晶相结构时，超声波曲线平直，到初凝形成一定固相结构时，超声波曲线瞬间出现一定幅度，到最后终凝水泥石固相结构基本形成时，超声波曲线幅度到达较大幅度并保持稳定，这一过程的试验现象证明，利用超声波监测水泥浆初终凝时间的思路及原理具可行性。

（8）初步形成确定工程测井时间的实验室辅助方法（在 3d 以内）：记录水泥浆初终凝时间，记录水泥石抗压强度达到设计要求的时间，对水泥石进行超声波测试并记录其声阻抗值趋于稳定或较大的时间，综合考虑三者，对工程测井时间的确定提供重要的实验数据作为参考。

通过对多组分水泥声阻抗的系统性研究，在对 CBL 曲线进行解释时，可参考以下方法对 CBL 曲线进行多组分水泥声阻抗校正：（1）固井施工时，记录现场水泥浆配制时的实际密度与对应时间，以了解水泥浆凝固后在井下不同深度段形成的密度差异，在 CBL 测井解释时，对密度值较小而可能引起沉降现象的层段进行综合分析；（2）考察水泥浆混浆的物理性能（凝固、强度与声学特性等）对 CBL 曲线幅度带来的影响；（3）掌握现场某井实际固井水泥浆的声阻抗特性，建立合适的数学模型对此井 CBL 曲线进行多组分水泥声阻抗校正。

## 8.2 建议

进一步开展利用现代声电测试技术评价固井材料特性的跨学科研究，为正确和客观评定水泥环固结质量提供科学依据；发展 CBL 曲线关于多组分水泥声阻抗校正的技术，以期对 CBL/VDL 固井质量评价曲线作出正确解释，减少后续施工措施确定的盲目性；进一步完善固井工程质量评价测井时间确定的实验室辅助设计技术，并使之尽快成为实用技术；继续开展水泥石声学特性随时间变化的应用基础研究，以期为更好的应用 SY/T 6592—2016《固井质量评价方法》奠定科学基础。

# 参 考 文 献

[1] 张德润，等. 固井液设计与应用[M]. 北京：石油工业出版社，2000：269.

[2] 谢荣华，等. 油气井固井质量综合解释方法及应用[J]. 测井技术，2003，27(4)：6-12.

[3] Eddie H. Shook, et al. Cement Bond Evaluation. SPE 108415, April 2008.

[4] 姜皓，楚泽涵，薛梅，等. 声波测井仪器发展及刻度井研究[J]. 特种油气藏，2001(6)：12-17.

[5] 管波，等. 用声波全波列资料定量评价固井质量的方法[J]. 测井技术，2002，26(5)：6-17.

[6] 薛梅，等. 对固井质量解释评价若干问题的探讨[J]. 测井技术，2000，24(6)：6-17.

[7] 陈大钧，廖刚. 四川深井塑性水泥体系研究与应用[J]. 天然气工业，2001(5)：31-37.

[8] John P. Davidson, et al. Effective "Just In Time" Data Integration：The Cased-Hole/Open-Hole Composite Log[C]. SPE 106837, April 2007.

[9] Skip Reed, et al. Case History：Application of CHI Modeling Using Pulsed Neutron To Create Pseudo-Openhole Logs in Highly Deviated Wells Using Special Techniques for Logging and Perforating in Veracruz, Mexico[C]. SPE 107527, April 2007.

[10] P. K. Mishra, Ultradeepwater Cementing：Challenges and Solutions[C]. SPE102042, October 2006.

[11] 王力. 声幅测井在固井中的应用[J]. 煤炭技术，2001(2).

[12] 刘崇建，等. 油气井注水泥理论与应用[M]. 北京：石油工业出版社，2000.

[13] K. Ravi and M. Bosma, et al. Optimizing the Cement Sheath Design in HPHT Shearwater Field[C]. SPE/IADC 79905, February 2003.

[14] Cherif Hellal, et al. Rigless Exploration Well Testing Experience in Algeria[C]. SPE 112922, March 2008.

[15] 黄柏宗，吕光明. 复杂地质条件下深井、超深井固井技术[D]. 中国石油天然气公司工程技术研究院，1998.

[16] 楚泽涵. 声波测井原理[M]. 北京：石油工业出版社，1985：1-12.

[17] 郑友志，等. 混合材水泥浆组分与强度性能对水泥石声速特征的影响研究[J]. 天然气工业，2005，25(11)：59-61.

[18] 万仁溥，等. 现代完井工程[M]. 北京：石油工业出版社，1996：12.

[19] E. Ali, F. E. Bergren, et al. Effective Gas-Shutoff Treatments in a Fractured Carbonate Field in Oman[C]. SPE 102244, February 2008.

[20] Al Hammad, and M. Altameimi. Cement Matrix Evaluation[C]. IADC/SPE 77213, Sep-

tember 2002.

[21] K. Ravi and M. Bosma, et al. Improve the Economics of Oil and Gas Wells by Reducing the Risk of Cement Failure[C]. IADC/SPE 74497, February 2002.

[22] H. Bouras, et al. Successful Application of Novel Cementing Technology in Hassi-Messaoud, Algeria[C]. SPE 108249, October 2007.

[23] 俞茂宏，汪惠雄，等. 材料力学[M]. 北京：高等教育出版社，1986：26-32.

[24] D. S 公司. 现代固井技术[M]. 刘大为等译. 沈阳：辽宁科技出版社，1994：26-32.

[25] 建筑材料标准规范实施手册[M]. 中国建筑工业出版社，1991：25-28.

[26] Gustavo Altuna and Sergio Centurion, et al. Variation of the Mechanical Properties for Cementing Slurries With Different Compositions[C]. SPE 69616, March 2001.

[27]《新编混凝土无损检测技术》编写组. 新编混凝土无损检测技术[M]. 北京：中国环境科学出版社，2002：25-28.

[28] 杜伟程. 固井纤维水泥的研究[J]. 钻井液与完井液，1997(5)：26-32.

[29] 油井水泥 API 技术规范手册[M]. 张玉隆译. 成都：四川科学技术出版社，1992：20.

[30] 佟曼丽. 油田化学[M]. 东营：石油大学出版社，1997：27-28.

[31] 四川石油测井公司测井解释中心. 工程测井原始资料验收及固井声波变密度测井资料解释[D]. 2007. 3.

[32] GB/2005.1—1989 聚丙烯酰胺特性黏数测定方法[S].

[33] 道维尔. 斯伦贝谢公司. 注水泥技术[M]. 北京：石油工业出版社，1987：26-32.

[34] 黄文新，张忠明，等. 用斯通利波评价套管井水泥胶结质量[J]. 江汉石油学院学报，1996，16：32-36.

[35] Suresh Kumar, et al. Successful Application of Exploration Lessons Learnt To Deliver Stretch HT/HP Well Delivery Objectives (Krishna Godavari Basin, India)[C]. SPE 103997, October 2006.

[36] A. J. Philippacopoulos and M. L. Berndt. Mechanical Response and Characterization of Well Cements[C]. SPE 77755, October 2002.

[37] B. F. 麦克吉，等. 改进固井质量检查工作的准则[J]. 欧阳长胜译. 测井技术，1982(2)：48-64.

[38] 李俊舫，李继锋，张延沛，等. 复杂套管井固井质量评价方法及应用[J]. 江汉石油学院学报，2005，27(5)：743-744.

[39] 胡来福，姜岳庆，邓基华，等. CAST—V 井周声波扫描仪及其应用[J]. 石油仪器，2004(2)：44-46.

[40] 李艳华，楚泽涵，薛梅，等. 声波频率对 CBL/VDL 型水泥胶结测井仪评价结果影响的分析[J]. 大庆石油地质与开发，1999，18(6)：48-50.

[41] 蔡永承，等. CBL/VDL 测井的质量控制[J]. 江汉石油科技，2006，16(3)：24-27.

[42] 李维彦，章成广，等. 影响固井质量评价效果的因素分析[J]. 工程地球物理学报，2006，3(2)：103-106.

[43] 高伟勤，曲天虹，刘有全，等. 用声波变密度测井识别微环的影响[J]. 河南石油，2004，18：71-72.

[44] Gary Rytlewski, et al. Multiple-Layer Completions for Efficient Treatment of Multilayer Reservoirs[C]. SPE 112476, March 2008.

[45] W. Morris, et al. Communication Between Perforations：Solution Based on Good Practices and Numerical Simulations[C]. SPE 108086, April 2007.

[46] 李长文，朱云生. 水泥评价测井的数值研究[J]. 江汉石油学院学报，1993，15(2)：33-38.

[47] 霍树义. 水平井固放磁测井资料解释及其评价[J]. 测井技术，1992，18(2)：103-109.

[48] 田芳，等. 套管井声波变密度测井资料及其应用实例[J]. 国外测井技术，2006，21(4)：32-34.

[49] 吴海燕，沈建国，任月娥. 套管井阵列声波测井技术研究及应用[J]. 测井技术，2007，31(2)：128-134.

[50] 蒋龙生，张海全，吉雪松. 焉耆盆地凝析气层测井解释方法[J]. 河南石油，1999(4)：12-14.

[51] Salim Taoutaou and Ron Schreuder, et al. New Approach To Ensure Long-Term Zonal Isolation for Land Gas Wells Using Monobore Cemented Completion [C]. SPE107433, June 2007.

[52] 官波，等. 用声波全波列测井资料定量评价固井质量的方法[J]. 测井技术，2002，26(5)：383-386.

[53] 段方勇，等，BP 神经网络对固井信号分类能力的研究[J]. 信号处理，1998，14(1)：1-7.

[54] 吕合玉，等，神经网络在固井质量预测中的应用研究[J]. 石油钻探技术，2002，30(3)：24-26.

[55] 楚泽涵，等. 水泥抗压强度与养护条件及声阻抗之间关系的实验研究[J]. 测井技术，1992，16(6)：424-430.

[56] 魏涛，瞿亦斌，黄导武，等. 制订固井质量的测井评价标准探讨[J]. 石油学报，2001，22(5)：84-88.

[57] 楚泽涵，刘祝萍，等. 声波水泥胶结测井解释方法评述[J]. 地球物理测井，1991，15(5)：348-355.

[58] 杨香艳，郭小阳，杨远光，等. 固井前置冲洗液的研究发展[J]. 西南石油学院学报，

2005（1）.

[59] 李早元，郭小阳，杨远光. 固井前钻井液性能调整及前置液紊流低返速顶替固井技术[J]. 钻井液与完井液，2004（4）.

[60] 周样宝. 王玉栋. 影响套管波幅度的因素. [J]测井技术，2003，27（增刊）：8-10.

[61] 谢艳萍，舒卫国，等. 声波—伽马密度测井技术在大港油田的应用[J]. 测井技术，2004，28（S0）：31-34.

[62] Mubarak Al-Dhufairi, et al. Pushing the Wireline Operation to New Frontiers[C]. SPE 113655, April 2008.

[63] 刘继生，王克协，谢荣华，等. 套管—水泥界面微间隙的检测方法及应用[J]. 测井技术，2002，26（5）：399-401.

[64] David Stiles and Doug Hollies, Implementation of Advanced Cementing Techniques to Improve Long Term Zonal Isolation in Steam Assisted Gravity Drainage Wells[C]. SPE/Petroleum Society of CIM/CHOA 78950, November 2002.

[65] 李文秀，周鹤，王修甫. 声波变密度测井资料中"直棍"现象的消除[J]. 石油仪器，2002，16（4）：50-51.

[66] 章成广，等. 全波列声波测井评价低比重水泥固井质量[J]. 地球物理测井，1990，14（4）：259-266.

[67] Dan T. Mueller. Producing Stress-Resistant：High-Temperature/High-Pressure Cement Formulations Through Microstructural Optimization[C]. SPE 84562, October 2003.

[68] David J. Mack and Robert L. Dillenbeck, Cement：How Tough Is Tough Enough？ A Laboratory and Field Study[C]. SPE 78712, October 2002.

[69] 杨远光，廖刚，张玉隆. 油井水泥的腐蚀与防止方法研究[J]. 西南石油学院学报，1997（S）：26-32.

[70] 应崇福，等. 超声在固体中的散射[M]. 北京：国防工业出版社，1994，5.

[71] David J. Mack, et al. Cementing Paradigm Shift：A Local Solution to a Global Problem[C]. SPE 112812, October 2007.

[72] Carlos Capacho, et al. Cement Design To Optimize Production in a Highly Active Waterdrive Reservoir[C]. SPE 107701, April 2007.

[73] 余厚全，黄载禄. 超声固井质量检测[J]. 测井技术，1994，18（1）.

[74] Anil Kumar Tiwari, et al. Evaluating Inter-/Intrazonal Isolation[C]. SPE 103804, October 2006.

[75] 姚卫东，陈永才. 5700 固井质量测井问题探讨[J]. 石油仪器，2004，18（5）：56-58.

[76] 冯世暄，沈本善，等. 兰姆波环行传播测井检查油井固井质量[J]. 华东石油学院学报，1983（4）：510-515.

［77］法林，杨海燕，武向萍，等. QGZ-A 固井质量测井仪的原理及其应用［J］. 石油仪器，1997，11（6）：27-30.

［78］石强，等. 提高水泥环第二界面胶结质量的固井技术［J］. 海洋石油，2005，25（4）：84-90.

［79］董德松，顾强. D6-2 补偿声速测井仪［J］. 测井技术，1984（6）：142-152.

［80］王永杰. H-SGDT-NV 伽马—密度—厚度测井仪及其应用［J］. 石油仪器，2003，17（6）：37-38.

［81］芦柏庆，王峰. Phase 声波测井的影响因素、干扰因素分析［J］. 国外油田工程，2004，20（7）：32-33.

［82］田鑫，石兵波，章成广. SBT 测井技术在塔河油田低密度固井质量评价中的应用［J］. 石油天然气学报，2007，29（2）：75-77.

［83］夏竹君，郭栋，蔡霞. SBT 扇区水泥胶结测井仪在中原油田的应用［J］. 天然气工业，2007（2）：43-45.

［84］王秋林，胡海涛，等. SCB-512 声波变密度仪的改进与应用［J］. 石油仪器，2006，20（4）：92-96.

［85］刘云忠，赵春华. SZS-2000C 型三组合变密度测井仪及其应用［J］. 石油仪器，2007，21（2）：37-43.

［86］章兆淇. 井眼补偿水泥胶结测井和超声波水泥胶结测井［J］. 测井技术，1983（6）：68-72.

［87］李醒民. 长源距变密度测井［J］. 测井技术，1997，21（4）：297-299.

［88］Thomas Heinold and L. Dillenbeck，et al. The Effect of Key Cement Additives on the Mechanical Properties of Normal Density Oil and Gas Well Cement Systems［C］. SPE 77867，October 2002.

［89］孙建孟，苏远大，李召成，等. 定量评价固井 Ⅱ 界面胶结质量的方法研究［J］. 测井技术，2004，28（3）：199-202.

［90］谢荣华，刘继生，巢华庆等. 俄罗斯测井技术在大庆油田的应用和发展［J］. 测井技术，2003，27（2）.

［91］周继宏，等. 疏松砂岩超声测试及其结果分析［J］. 石油地球物理勘探，1999（3）.

［92］章成广，等. 薄水泥环套管井碳酸盐岩地层中合成波形分析［J］. 江汉石油学院学报，1998，2（3）：36-40.

［93］黄文新，等. 低密度水泥套管井中声波全波波形分析［J］. 江汉石油学院学报，1991，13（3）：37-44.

［94］沈荣熹. 新型纤维增强水泥复合材料研究的进展［J］. 硅酸盐学报，1993（5）：26-32.

［95］白丽，尹强，等. MAK2 - SGDT 测井方法在新庄油田的应用［J］. 河南石油，2005，19（2）：50-52.

[96] 余厚全，黄载禄. 利用超声回波序列分析法识别固井质量[J]. 江汉石油学院学报，1994，16(2)：49-53.

[97] 李昌平. 利用声幅曲线预测储层产能[J]. 测井技术，1992，16(5)：375-380.

[98] 车小花，乔文孝. 利用首波到时评价水泥胶结质量的模拟实验研究[J]. 测井技术，2006，30(5)：390-393.

[99] Michael Pine and Liz Hunter, et al. Selection of Foamed Cement for HPHT Gas Well Proves Effective for Zonal Isolation｝ase History[C]. SPE/IADC 79909, February 2003.

[100] 李春跃，等. 超声测试技术在钢纤维砼试验中的应用[J]. 郑州工业大学学报，1999(4).

[101] 边瑞雪. 声波变密度测井中地层波福度的讨论[J]. 测井技术，1996(4)：308-310.

[102] Thomas Heinold and Robert L, et al. Analysis of Tensile Strength Test Methodologies For Evaluating Oil and Gas Well Cement Systems[C]. SPE 84565, October 2003.

[103] 黄文新，章成广，胡文样，等. 双层套管井中声波波形分析[J]. 测井技术，1993，17(3)：190-196.

[104] 刘继生，王克协，吕秀梅，等. 水泥—地层界面胶结状况综合解释方法及应用[J]. 测井技术，2000，24(5)：340-344.

[105] 朱云生，金振武，李长文. 水泥评价测井的二维数学模型[J]. 江汉石油学院学报，1989，11(4)：23-30.

[106] 郑友志，等. 影响声波水泥胶结测井结果的因素[J]. 国外测井技术，2007(6).

[107] 舒秋贵. 油气井固井注水泥顶替理论与技术综述[J]. 西部探矿工程，2005(12)：85-87.

[108] 张兴国等. 紊流顶替和接触时间对顶替效率的影响[J]. 西部探矿工程，2005(2)：74-76.

[109] 孙清德. 国外高温高压固井新技术[J]. 钻井液与完井液，2001(5)：17-17.

[110] 沈伟等. 重晶石表面化学改性进展[J]. 油田化学，1999(1)：33.

[111] Fiber Reinforced Cement Composites, The concrete Society (UK)，1973：25-28.

[112] D. J. Hannant. Fiber-Cements and Fiber Concrete. Wiley, Chichester, UK 1978：25-28.

[113] 郑友志，郭小阳，等. 混合材水泥石微观结构对其声学特性的影响[J]. 功能材料，2007，38.

[114] 姜洪义. SBR-60聚合物水泥混凝土的研究[J]. 混凝土，2000(9).

[115] 王建国等. 抗裂混凝土与NYCON增韧纤维[J]. 混凝土与水泥制品，1994(12)：25-28.

[116] 谈慕华等. 尼龙纤维增强水泥砂浆的力学性能研究[J]. 混凝土与水泥制品，1995(4).

[117] 陕西建筑工业设计院. 建筑材料手册[M]. 北京：中国建筑工业出版社，1991.

[118] 建筑材料及试验方法标准规范选编[M]. 北京：中国建筑工业出版社，1994.

[119] B. Dusseault and N. Gray, et al. Why Oilwells Leak：Cement Behavior and Long-Term Consequences[C]. SPE 64733，November 2000.

[120] 徐立民. 噪声测井在解决固井质量隐患方面的探讨[J]. 测井技术，1987，11(5)：42-45.

[121] JG/T 5004—1992 混凝土超声波检测仪[S].

[122] D. K. 史密斯. 美国油井注水泥技术[M]. 北京：石油工业出版社，1980.

[123] SY/T 6592—2016 固井质量评价方法[S].

[124] 胡建恺，等. 超声检测原理和方法[M]. 合肥：中国科学技术大学出版社，1993.

[125] 蒋危平，方京，等. 超声检测学[M]. 武汉：武汉科技大学出版社，1991.

[126] 冯世暄. 声波测井中的面波[J]. 华东石油学院学报，1980(2)：117-119.

[127] 曹宇东，等. 转换屏发光光谱对 X 光闪光照相成像质量影响[J]. 高能量密度物理，2007(4).

[128] 陆小翠，等. X 光强力输送带无损检测系统及其网络传输的设计[J]. 工矿自动化，2008(1).

[129] 赓祥. 材料科学基础[M]. 上海：上海交通大学出版社，2002.

[130] 中国机械工程学会无损检测分会. 声波检测[M]. 北京：机械工业出版社，2000.